淮北地区地下水
动态演化与双控技术

钱筱暄　王　辉　许　一　姚　梅　著

中国建材工业出版社
北　京

图书在版编目（CIP）数据

淮北地区地下水动态演化与双控技术/钱筱暄等著
. --北京：中国建材工业出版社，2024.6
ISBN 978-7-5160-4136-9

Ⅰ.①淮⋯ Ⅱ.①钱⋯ Ⅲ.①地下水－研究－淮北地
区 Ⅳ.①P641.11

中国国家版本馆 CIP 数据核字（2024）第 087699 号

内 容 摘 要

本书针对淮北地区因地下水开采造成的地下水水位降落漏斗、地面沉降、岩溶塌陷等环境地质问题，按照监测井优化与实验观测、机理与规律识别、阈值体系建立、多水源调控方案构建、工程布局与实践、管理与保护的思路，全面系统地阐述不同层位地下水动态演化与归因解析，并结合典型区域研究，剖析地下水开采与水位埋深互馈机理；基于地下水水位水量双控阈值体系，阐述多水源联合配置工程技术，提出地下水管理保护措施，整体形成了地下水超采背景下区域水资源综合利用和水安全保障理论与技术体系。

本书可供水利行业从业者参考使用。

淮北地区地下水动态演化与双控技术
HUAIBEI DIQU DIXIASHUI DONGTAI YANHUA YU SHUANGKONG JISHU
钱筱暄 王 辉 许 一 姚 梅 著

出版发行：中国建材工业出版社
地 址：北京市西城区白纸坊东街 2 号院 6 号楼
邮 编：100054
经 销：全国各地新华书店
印 刷：北京印刷集团有限责任公司
开 本：787mm×1092mm 1/16
印 张：10
字 数：250 千字
版 次：2024 年 6 月第 1 版
印 次：2024 年 6 月第 1 次
定 价：49.80 元

前　言

淮北地区是我国重要的粮棉油产区和煤炭能源基地，在区域社会经济发展中具有重要的战略地位。本书中的淮北地区包括阜阳、淮北、亳州、宿州、蚌埠和淮南6个地级市，总面积3.74万km²。淮北地区地处亚热带和暖温带的过渡地带，属我国南北气候过渡区，水资源时空分布极不均匀，人均占有量不足500m³，低于国际公认的严重缺水线，以全安徽省约20%的水资源量，支撑了全省约50%的耕地和约45%人口的用水需求。随着"两淮一蚌""皖北城市群"等振兴皖北战略的逐步推进，淮北地区已进入快速发展期，水资源短缺已成为社会经济快速发展的主要制约因素。地下水是淮北地区6个地级市的主要供水水源，年开采量27.45亿m³，占全省地下水供水量的96%。

近10多年来，随着经济发展和城镇化进程的快速推进，人类活动影响不断扩大，淮北地区对水资源的需求量，特别是城乡供水对中深层和岩溶地下水的集中开采量显著增大。因长期过度集中开采地下水，淮北地区已出现区域性地下水水位降落、地面沉降、岩溶塌陷等环境地质问题。至2020年年底，超采区面积达到4240.4km²，其中阜阳市累计地面沉降量1.838m。地下水补径排特征和动态演化规律发生显著变化，区域水资源如何综合利用和水安全如何保障成为突出问题。因此，开展淮北地区地下水动态演化与水位水量联控关键技术研究，在保障城市供水安全、支撑经济社会发展和维护生态环境平衡等方面具有重要意义，事关饮水安全、城市安全、粮食安全、经济安全、生态安全。这不仅是解决淮北地区日益复杂的水资源短缺问题及缓解地下水超采问题的迫切需要，也是事关淮北地区社会经济可持续发展的重大战略需求，在未来引江济淮及淮水北调通水后，为当地水及外调水的合理调配提供重要技术支撑。

本书内容属于水文水资源、水环境与水生态领域，主体依托科技部、水利部公益性科研项目和安徽省重大水利科技专项等项目，采用近50年地下水水量及水位、地面沉降量、漏斗面积等监测成果，阐述在地下水超采与控采背景下，水资源如何调控，水安全如何应对，回答了四大科学问题：地下水动态演化规律及驱动机理是什么？承压含水层顶板黏性土释水机理是什么？地下水水位水量联控指标是什么？多水源联合调控的地下水压采指标是什么？本书旨在系统地解决淮北地区地下水超采与水资源可持续利用的矛盾，充分利用现有水资源保障供水安全，确立区域地下水水位水量双控阈值体系，整体形成地下水超采区多水源联合调控水资源保护理论与技术体系。

全书共分10章，第1章介绍研究背景和国内外研究现状；第2章介绍淮北地区概况；第3章介绍淮北地区地下水动态时空演化及归因解析；第4、5章为承压含水层顶板黏性土释水机理研究、中深层及岩溶地下水多变量关系研究及应用；第6章为地下水水位适宜管控阈值研究；第7章为地下水开采量控制指标研究；第8章为基于水位水量联控的多水源配置与保护技术；第9章为地下水管理保护研究；第10章为技术成果与应用前景。

全书由钱筱暄、王辉负责统稿。本书第 1、2、9、10 章由钱筱暄、刘猛和李瑞负责编写，第 3~5 章由王辉、姚梅、于凤存负责编写，第 6 章由刘佩贵、胡勇负责编写，第 7 章由许一、陆美凝负责编写，第 8 章由时召军、王向阳负责编写。

本书成果已被成功应用于安徽省人民政府地下水双控指标确定，并为全国重点区域地下水超采治理、淮北地区水资源管理与城乡供水保障、引江济淮工程规划设计等提供了技术支撑。本书在写作过程中得到了安徽省水利厅、安徽省水文局、五道沟水文水资源实验站、宿州市水利局、阜阳市水利局、淮北市水务局、蚌埠市水利局、淮南市水利局、亳州市水利局等单位的大力支持和帮助，在此向一直关心和支持本书写作的单位、领导和同志们表示衷心的感谢。

由于作者水平有限，书中疏漏或不足之处在所难免，敬请广大读者批评指正。

作　者
2023 年 12 月

目　　录

1 绪 论

1.1 研究背景

淮北地区地处我国东部，是一个在气候上南北过渡、地形上海陆过渡、位置上高低纬度过渡的多重过渡地带。区域内地势低平，平原广阔，天气系统多变，降雨时空分布极不均匀，洪涝和干旱交替发生；既有北方地区干旱少雨、旱灾连年，又有南方多雨少晴、洪涝不断的特性，同时有人均拥有水资源量少、水资源时空分布不均匀、水土资源不相匹配等特点。淮北地区的国土面积虽然只占全国的 2.8%，但耕地面积占全国的10%，粮食产量占全国的近 20%，是我国重要的商品粮生产基地。淮北地区旱涝灾害发生频率高、时空分布复杂，多年平均水资源总量为 114.4 亿 m^3，人均水资源占有量不足 $500m^3$，仅为全国的 1/4，是安徽省及淮河流域的缺水地区之一。

近几十年来，随着城市化进程的加快和农村经济的快速发展，淮北地区对地下水开发利用需求加大，加之地下水开采布局不合理，导致众多城市地下水均存在不同程度的超采。部分城市超采严重（如阜阳市），已出现不同程度且日益加剧的水位降落漏斗和地面沉降，给社会经济和人民生活带来了不可估量的损失。此外，由于地下水保护措施不到位，地下水污染问题也日益突出。一些地区地下水水质不断恶化，给当地经济社会发展和人民群众健康带来了严重危害。地下水资源开发利用中存在的诸多问题已严重危及水资源的可持续利用，对社会经济可持续发展和生态安全构成威胁。可见，实施地下水控采方案、合理调控地下水水位、提高地下水利用效率、实施应用多水源联合调配技术对区域经济的可持续发展尤为重要。

2011 年中央一号文件《中共中央 国务院关于加快水利改革发展的决定》对地下水资源的管理保护、地下水超采区划定提出了明确要求：到 2020 年，地下水超采基本遏制。2012 年 1 月 12 日，国务院发布〔2012〕3 号文件《国务院关于实行最严格水资源管理制度的意见》，要求严格地下水的管理和保护，划定地下水限采区与禁采区，逐步压减地下水开采量，加强地下水动态监测，实行取用水总量控制和水位控制。2015 年，水利部印发《关于加强地下水资源管理和保护的函》（水资源函〔2015〕67 号），要求各省级行政区划定地下水超采区，并提出压采和治理措施。2017 年，水利部和国土资源部（2018年更名为自然资源部）联合印发《全国地下水利用与保护规划》，明确了各省级行政区地下水取用水总量控制指标。部分省区按照国家确定的地下水取用水总量控制指标，在地下超采区探索开展了地下水水位管控工作。2020 年 2 月，水利部办公厅印发了《关于开展地下水管控指标确定工作的通知》（以下简称《通知》），明确指出"确定地下水管控指标是地下水监督管理特别是地下水超采治理的重要抓手，也是水利行业强监管的重要内容"，要求"科学划定地下水取用水总量、水位控制指标"。2021 年 12 月 1 日，国务院发布实施

《地下水管理条例》，对地下水超采治理与保护均做出明确规定。

2016 年，安徽省印发《安徽省人民政府办公厅关于进一步加强地下水管理和保护工作的通知》（皖政办秘〔2016〕30 号），针对安徽省严格地下水管理、超采区治理、加强地下水监测、防治地下水污染均提出相应要求。

为贯彻落实科学发展观，实现地下水资源的可持续利用，加强地下水资源的优化调配、高效利用和有效保护，指导地下水资源开发利用管理方案的科学合理制定，从而推进实施最严格的水资源管理制度及双控管理制度，迫切需要开展淮北地区地下水动态演化与水位水量联控关键技术及应用方面的研究。

本书旨在研究淮北地区地下水超采区多水源联合调配技术与实践。通过承压含水层顶板原状岩芯土样在不同压力条件下的多组固结排水试验分析，系统识别了孔隙水及岩溶水含水岩组的构造与分布、高强度开采驱动下承压水顶板黏性土释水机理。基于原型观测资料及数理统计分析理论，发现了地面沉降随地下水开采在时间上呈三阶段变化规律，并揭示了累计沉降量与开采量及降落漏斗面积多变量的非线性响应关系，科学确定了分类分区的地下水位水量双控阈值，突破了以往含水岩组补排机理不明及地下水控制阈值难定的技术难题。基于地下水超采区置换及多水源分区配置和交互式情景共享的复杂水资源系统动态配置模型，首次系统地提出了基于水位水量双控及配置工程调控下的全行业、多层位地下水分期分区压采指标，克服了单一水源供水安全保障不足的问题，整体形成了地下水超采背景下区域水资源综合利用和水安全保障理论与技术体系，实现了多水源调控的水环境安全及城市安全的多目标协同。研究成果对提高淮北地区中深层、岩溶、浅层地下水的利用效率，缓解区域水资源短缺矛盾，确保流域粮食安全、促进区域经济的可持续发展有重要意义。

1.2 国内外研究现状

1.2.1 地下水控采技术

地下水资源是人类重要的水资源，需进行合理管控。部分地区为了维持经济对水资源的需求，过度集中开采地下水，导致城市水源地产生较大范围的水位降落漏斗，甚至引发地面沉降和岩溶塌陷等地质灾害，部分地区地下水水质不断恶化，污染严重，给社会经济和人民生活带来了不可估量的损失。因此，必须建立水位控制与水量控制的"双元"控制模式来管理地下水的开采。

许多专家学者在地下水管控方面做了大量的研究。孙梅英等人探索实施的"制度约束、计量支撑、实时监控、中水置换、优化调配、合理利用"的地下水控采技术集成效果显著，为华北地区乃至全国提供了可推广的实践经验与重要启示。黎伟等人通过收集整理相关检测数据，分析浙江温黄平原地下水控采后的地面沉降特征及发展趋势，发现随地下水大幅减采，地下水位回升明显，地面沉降同步快速减缓，由区域性沉降转变为局部工程性沉降。柳华武、齐晶综合考虑经济、社会和生态等因素，在石家庄地区的地表水资源 20%、50%、75%的频率下，分别对地下水压采量按 2005 年的水平年压缩30%、15%和10%的情景下，运用最优化方法对石家庄地区的种植结构进行调整，以期实现控制地下水开采。李英连等人结合最严格水资源管理制度落实情况，针对新疆地下水超采的成因、引起的环境地质问题及水资源禀赋条件，提出了新疆地下水超采区治理的措施和建议。具体包括建立健全地下水禁采区管理制度，制定退耕减水政策，加强地下水开发利用监督管理，制定地下水超采治理与管理评估考核方案等。陆垂裕、王建华等人发明了一种地下水控采量的计算方法及装置，根据预设区域内考核年平水状况下的农业地下水控采量，获得考核年实际状况下的农业地下水控采量。周迪认为可以采用偏最小二乘法预测典型区地下水水位；沿淮以北的地区，在降水量较大且条件允许的情况下，可以适当增加开采量，但在降水量偏少的年份，须控制地下水开采，以保持地下水位相对稳定。Katerina Spanoudaki 等人提出建立一个能够可靠地模拟含水层地下水水平波动的模型，将地下水位的年际变化用一个离散的时间自动模型表现。王恩等人提出为了更好地了解深层地下水过度开发的状况及其在区域范围内造成的环境问题，对地下水过度开发的评估采用了地下水开发潜力系数，即深层地下水可开采量与水流开发的比率，地下水位的累积、地面沉降和长期平均降水量。

1.2.2 多水源联合调控技术

多水源联合调控技术需要以当地水资源利用现状为基础，以当地水资源的可利用度为约束条件，在满足水利工程运用的规则内，从时间和空间上对当地水资源进行联合调配。通过多水源联合调控，协调解决各地区和各用水单位之间的矛盾，提高区域整体的用水效率，促进当地的社会经济发展。国内外对多水源联合调配技术的研究大多是对多水源联合调配进行优化利用，通过建立多水源联合调配模型，分析区域内的水资源需求，实现多水源之间的联合调控。

近年来，有关多水源联合调控技术的研究主要集中在以下两个方面：

1. 从建立多水源联合调配模型入手，实现多水源之间的互补，解决供需矛盾，研究多水源的联合调配供水。刘裕辉等在分析天津滨海新区多水源分质供水优化利用原则的基础上，构建了滨海新区多水源分质供水的优化利用模型，证明多水源分质供水优化利用成果在该地区的有效。武鹏飞采用多水源联合调配的方法，建立多目标水资源优化调配模型，依靠 lingo 程序求解出调配结果，实现多水源之间的互补，为邯郸市东部水资源优化调配提供依据和建议。索梅芹等基于区间不确定性理论，针对城市供水多水源系统中存在的不确定性和复杂性，建立了多水源联合供水调配的优化模型，并通过计算得到了各供水水源对各行政区每个用户的配水方案，实现多水源和多目标之间的互补。刘超等通过建立水资源调配模型，实行科学的水量调配方案，优化调配水资源，使有限的水资源发挥最大的综合效益。刘玒玒等构建了基于调配规则控制的西安市多水源联合调配模拟模型，进行了供需平衡分析，得到了不同情况下的多水源联合调配结果。

2. 从地区功能需水要求入手，保障当地的水资源供给，考虑当地的丰枯条件，制定水量丰沛与紧缺时的用水方案。严晨菲等以天津市梅江景观湖为例，在充分考虑当地丰枯条件的基础上，引入生态环境需水理论，对该人工湖进行了水量、水质联合优化调配。万新宇等以江苏沿海滩涂开发为背景，分析了当地的水源特征，结合研究区需水要求，对多水源多用户供水关系进行分解，建立了盐碱环境下多水源联合调配模拟模型，得到围垦区不同水平年不同保证率下的供水量及其组成。李发文等分析了暴雨历时变化对多水源调配的影响，研究结果为城市人工湖的多水源合理调控提供了良好的依据。

1.3 研究需求

1. 落实国家及安徽省地下水双控指标与管理办法需要

2011 年中央一号文件《中共中央 国务院关于加快水利改革发展的决定》明确指出"严格地下水管理和保护，尽快核定并公布禁采和限采范围，逐步消减地下水超采量，实现采补平衡"。地下水管理和保护不仅事关农业农村发展，而且事关经济社会发展；不仅关系到供水安全、粮食安全，而且关系到经济安全、生态安全、国家安全。本项目构建基于地下水水位－水量控制指标下的水资源系统动态配置模型，提出多时空变化情境多边界控制要素的水资源调配方案，首次系统地提出了基于水位水量双控及配置工程调控下的全行业、多层位地下水分期分区压采指标，对区域中深层、岩溶、浅层地下水利用效率的提高、水资源短缺矛盾的缓解、粮食安全的保障以及经济的可持续发展有着重要意义。

2. 实行最严格水资源管理制度的需要

《国务院关于实行最严格水资源管理制度的意见》（国发〔2012〕3 号）总体要求，加强水资源开发利用控制红线管理，严格实行用水总量控制，加强用水效率控制红线管理。其第八条强调了严格地下水管理和保护、实行地下水取用水总量控制和水位控制的必要性。水利部明确指出"确定地下水管控指标是地下水监督管理特别是地下水超采治理的重要抓手，也是水利行业强监管的重要内容"，要求"科学划定 2020—2025 年、2030 年地下水取用水总量、水位控制指标，明确地下水取用水计量率、监测井密度、灌溉用机井密度等管理指标"，水行政主管部门和各流域管理机构应以批准的地下水管控指标为依据，充分运用现代技术手段，加强地下水开发利用监督管理。

3. 保护区域地下水资源的需要

淮北地区人口众多，经济社会发展迅速，水资源分布与经济社会发展布局不相匹配，部分地区在追求经济增长过程中，对地下水资源和环境的保护力度不够，地下水不合理开采已导致出现大范围的降落漏斗和地面沉降等环境地质问题，严重影响到城乡供水安全和社会经济的可持续发展。随着经济社会发展和人民生活水平的提高，对水资源的要求越来越高，淮北地区面临着日益严峻的水资源短缺问题。因此，开展淮北地区承压水顶板黏性土释水机理分析，研究地下水开采量与降落漏斗及地面沉降的关系，对保障区域水资源安全具有重要的现实意义。

4. 促进学科发展的需要

本研究成果是在科研、管理及高校等多单位协作下联合完成的，既是填补淮北地区多水源水资源保护方面实用技术空白的扩展，又是一项与安徽省水资源管理、地下水安全开采及产业结构布局决策的应用性项目。本研究解析了淮北地区地下水动态时空变化规律及驱动机理，识别了高强度开采驱动下承压水顶板黏性土释水机理及开采量、降落漏斗面积及地面沉降之间的多变量非线性响应关系，研发了基于交互式情景共享的复杂水资源系统动态配置模型，首次系统提出了基于水位水量双控及配置工程调控下的全行业、多层位地下水分期分区压采指标，对区域地下水安全开采及控制技术进行了积极探索。

2 淮北地区概况

2.1 自然地理

安徽淮北地区是安徽省境内淮河干流以北部分的简称，属华北平原的南部，区域位置在东经114°55′～118°10′和北纬32°25′～34°35′之间；其东北与江苏、山东省接壤，西北与河南省毗邻，行政区划分属亳州、阜阳、淮北、宿州、淮南、蚌埠6个市的27个县（市、区），总面积37411km²。

安徽淮北地区可划分为三个类型的地貌单元：形若"孤岛"状的低山丘陵不连续地散布在区域的东北部；北部故黄河泛滥平原、南部河谷及河间平原，地势均平坦开阔，并由西北向东南缓倾，坡降1/7500～1/10000。

东北部的低山丘陵，海拔80～400m，系淮阴山脉的南延余脉，山脉走向与主要构造线方向一致，呈北北东向排列；主要由碳酸盐岩夹碎屑岩，以及部分侵入岩和顺层侵入的脉岩组成。镶嵌于山丘间的宽广谷地，以及位于山前、山间的堆积——侵蚀剥蚀平原，主要由坡洪积、冲洪积亚黏土组成，呈环绕山丘展布的裙状地形。此外，在灵璧、泗县一带尚展布有零星状孤丘。

由第四纪堆积物组成的平原，呈现典型的堆积性地貌景观。全新世以来黄河频繁决口、改道，使大量的泥沙堆积于豫、鲁、皖黄泛地区，堆积厚度20m左右（由北向南渐薄），叠加在更新世的剥蚀平原之上，加大了区域的地面倾斜度。

北部，由于全新世晚期黄河南泛、改道的影响，接受了新的沉积，构成现代黄河冲积扇的前缘部分。黄河故道遗留下来的古河床高地，横亘于北部，高出平原2～5m，形成局部分水岭。高地两侧为黄河故道频繁决口形成的泛滥河床、决口扇、扇前洼地、微高地、洼地等组成的倾斜平原，标高30～50m。

南部，基本未受黄泛波及，主要由亚黏土（夹少量砂姜）组成的剥蚀平原，标高20～40m；与黄泛冲积平原倾向一致，两者没有明显的坡折，两者之间的界线基本依据岩性划分。区内淮河的一级支流近平行、等间距发育，由西北向东南注入淮河，支流间距30～40km，形成河谷、河间相间排列的地貌景观。淮河干流与支流下游，河漫滩发育，河间地区高出河漫滩3～5m，形成河间平地；但由河漫滩发育地段向上游，至西北部的黄泛区前缘，现代河流受黄泛的冲淤，多为地上河，致使河间地区多成为河间洼地，雨期积水难排。沿淮河及其支流河谷内为全新世亚黏土、亚砂土形成的漫滩地形，宽仅0.5～2km，个别地段4～8km。淮河干流及其各个支流的入淮处分布有众多的河湖洼地，标高小于20m。

2.2　社会经济

近年来，淮北地区工业年均增长率达到 10％左右，农业达到 5％～7％。随着阜阳、淮北、宿州、亳州、蚌埠、淮南等城市社会经济的迅速发展，特别是区内城市工业化水平的迅速提高，城市用水量平均增长 3％～4％。

自 20 世纪 80 年代开始，工业生产的迅速发展和城市规模的急剧扩大，在使得淮北地区地表水体基本遭受严重污染的同时，对优质水资源需求量迅速增大；由于区域中只有中孔隙承压水或岩溶水是唯一优质水源，并局限于地下水系统脆弱性和人们对地下水环境保护认识的渐进性，扩大孔隙承压水或岩溶水开采范围和增加开采规模就成了必然的也是无奈的选择。这导致孔隙承压水和岩溶水在开发利用范围（主要指开采的平面分布区域）、规模以及开发利用方式（主要指开采深度），与 20 世纪 70 年代小规模开采相比，都有比较大的变化。

从现状分析，由于不合理的开采，在许多集中开采区，开采目的层位中的松散孔隙承压水（或裂隙岩溶水）水流系统原有补排平衡状态遭受破坏，造成地下水水位持续下降，进而引发了诸如含水层疏干、地面沉降、地面塌陷等环境水文地质问题。

2.3　水文气象

淮北地处亚热带和暖温带的过渡地带，属暖温带季风气候区。多年平均降水自南至北由 1100mm 递减为 800mm，全区域多年平均降水量 862mm（1951—2000 年）；降水量年际变化大、年内分配不均，年际丰枯比为 2∶5，年内 6—8 月的降水量占全年总量的 60％左右；多年平均水面蒸发量 978mm（E_{601}），多年月平均水面蒸发量，除 7、8 两个月外，其余月份均大于同月降水量；多年平均气温 14.6℃，年日照 2230h，积温 4580～4867℃，无霜期 195～217d，多年平均相对湿度 73％。

本区地表水系发育，自然河流主要有洪河、谷润河、泉河、颍河、西淝河、芡河、涡河、澥河、浍河、沱河、濉河等，人工河流有新汴河、茨淮新河、怀洪新河，河流均由西北流向东南注入淮河或洪泽湖。

在淮河干流及其支流上建有大型节制闸 23 座、中型节制闸 144 座、小型涵闸 867 座，山丘区建有 40 余座小型水库，包括煤田塌陷区和湖泊洼地等蓄水容积在内，全区总的兴利库容约 13 亿 m³。总体而言，区域水利工程对地表水资源的调控能力相对不足。

区内地表水体污染严重，全境 70％的河段水质常年劣于Ⅲ类地表水体。大多城市、县城的工业和生活用水，只能依靠水质优良的中深层、深层孔隙承压水或裂隙岩溶水作为供水水源。

2.4　水文地质

2.4.1　地层

自新太古代以来，安徽省淮北地区各时代地层发育基本齐全。淮北地区属于安徽省华北地层大区（V），晋冀鲁豫地层区（V_4）和徐淮地层分区（V_4^{12}），见表2-1、图2-1。

表 2-1　安徽省地层区划简表

地层大区	地层区	地层分区	地层小区
华北地层大区（V）	晋冀鲁豫地层区（V_4）	徐淮地层分区（V_4^{12}）	淮北地层小区（V_4^{12-1}）
			淮南地层小区（V_4^{12-2}）

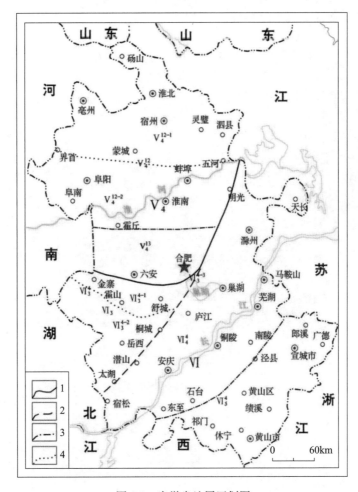

图 2-1　安徽省地层区划图

V—华北地层大区；V_4—晋冀鲁豫地层区；V_4^{12}—徐淮地层分区；V_4^{12-1}—淮北地层小区；V_4^{12-2}—淮南地层小区；
V_4^{13}—华北南缘地层分区；VI—华南地层大区；VI_3^4—秦岭—大别山地层区（桐柏—大别山地层分区）；
VI_3^{4-1}—北淮阳地层小区；VI_3^{4-2}—岳西地层小区；VI_3^{4-3}—肥东地层小区；VI_4—扬子地层区；VI_4^4—下扬子地层分区；
VI_4^5—江南地层分区；1—地层大区界线；2—地层区界线；3—地层分区界线；4—地层小区界线

　　前第四系地层缺失中元古界、中奥陶统—早石炭统、中晚三叠统。晚太古界及早元古界地层主要为变质岩系，见于蚌埠、凤阳和五河一带。晚元古界与早古生界地层主要为海相碳酸盐岩，晚古生界地层为陆相碎屑岩，淮河南北均有分布。中生界地层主要是陆相及火山碎屑岩，出露于江淮波状平原区北部。新生界早第三统地层为盆地相的碎屑岩，主要隐伏于淮北平原西部和江淮波状平原区的中部。

新近系地层隐伏于淮北平原区中西部，为河流相半胶结状砂及河流湖泊相黏性土，最厚达千余米。区内第四系地层广泛发育，厚度数十米至上百米。主要为冲积、冲洪积、湖积的砂层及黏性土层，具多层结构。在淮北平原西部，松散层总厚度达 1300m（图 2-2）。

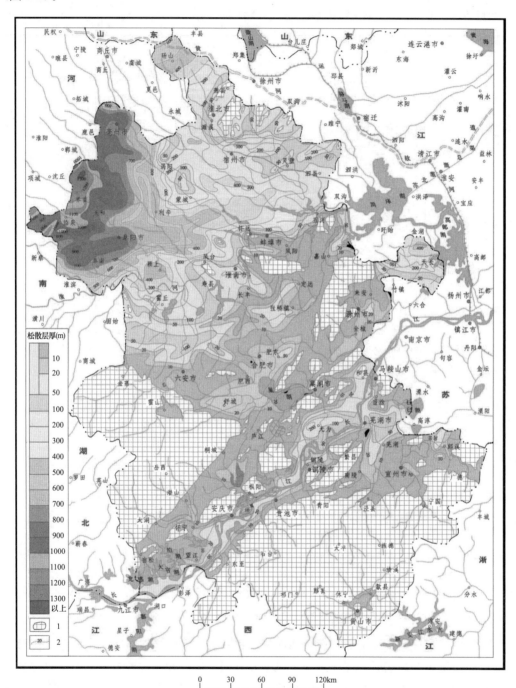

图 2-2　安徽省松散层厚度等值线图

1—基岩裸露区；2—松散层等厚线（m）

扬子地层区（VI₄）分为下扬子地层分区（VI₄⁴）和江南地层分区（VI₄⁵），分布于明光—庐江、磨子潭—晓天镇以南。前第四系地层发育有下元古界的浅变质岩系，震旦系—三叠系的碎屑岩、碳酸盐岩系，侏罗系、白垩系的碎屑岩、火山碎屑岩系，第三系的碎屑岩。第四系下、中更新统主要分布于山前及山间，为冲洪积或坡洪积亚黏土，平原区广泛分布上更新统和全新统的亚黏土、亚砂土。

2.4.2　构造

安徽省淮北地区地跨中朝准地台、秦岭地槽褶皱系两个一级大地构造单元。各构造单元的构造运动性质和强度在省内有明显差异：大别山—张八岭多旋回叠加隆起区长期遭受剥蚀，中朝准地台区较为稳定，而扬子准地台区则比较活跃。各时期构造运动使全省发育了深切岩石圈的深断裂13条、大断裂29条。深、大断裂在发育方向上有一定的规律性，按其延展方向可分为东西向、北北东向、北东向、近南北向和北西向。

1. 地质构造单元

安徽省地处华北、扬子两大板块交接地带，其间夹有大别山缝合带，即秦岭古海洋板块，三大板块的演化决定了安徽省地质构造发展史与大地构造格局，安徽省构造单元划分详见图2-3。

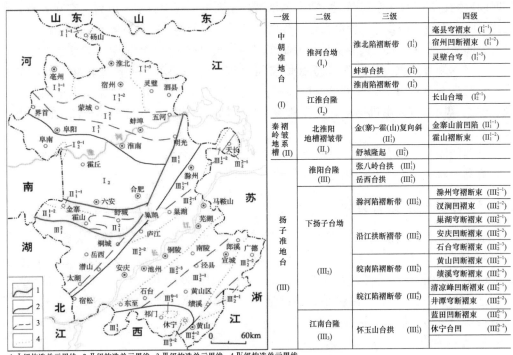

1.Ⅰ级构造单元界线　2.Ⅱ级构造单元界线　3.Ⅲ级构造单元界线　4.Ⅳ级构造单元界线

图2-3　安徽省构造单元划分略图

中朝准地台：东以郯庐深断裂与扬子准地台为界，南以合肥—六安深断裂同秦岭地槽系相接。基底岩系由晚太古界五河群、霍邱群及早元古界凤阳群构成。根据构造特点，中朝准地台进一步划分为淮河台坳和江淮台隆两个二级构造单元。

秦岭地槽褶皱系：位于安徽省大别山北麓，为秦岭地槽褶皱系的东延部分，仅由一个二级构造单元——北淮阳地槽褶皱带组成。它北邻中朝准地台，东南以郯庐深大断裂为界，是一个典型的多旋回发展的地槽褶皱带。

2. 深大断裂

依据安徽省区域地质志，安徽省的深大断裂共有 42 条。它们在空间上以一定的方位组合有规律地分布，构成了安徽省最具影响的五个断裂。

东西向断裂系共 13 条。其特点是多旋回活动明显：早期（中元古代皖南前期）多形成深断裂，晚期（晚侏罗纪燕山期以来）以形成大断裂为主；大部分分布在北淮阳褶皱带和中朝准地台内，总体来看，北部比南部发育，西部比东部发育；对大地构造演化有明显的控制作用，深断裂往往是一级构造单元界线，并与中新生界陆相断陷的形成有密切关系，对构造地貌单元的控制亦极为明显。

北北东向断裂系共 13 条。其特点是安徽省发育最成熟的断裂构造之一，是滨太平洋构造域的典型体现。发育活动可分为早、晚两期，早期发生于晚侏罗纪至晚白垩纪早期，主要分布于东部，与岩浆活动、成矿作用关系密切；晚期发生于晚白垩世以后，西部最发育。

北东向断裂系共有 12 条。其特点是按形成时期和特点可分为两类：一是典型的"皖浙赣断裂系"，方向北东，发生于中元古代皖南期至晚震旦纪—奥陶纪加里东期，强烈活动时间较短；二是北东东向断裂，没有深断裂，主要发生在晚白垩世以后。空间分布上自北西往南东深断裂增多，规模渐大，发生时间趋早。典型的"皖浙赣断裂系"对准地台内隆起及凹陷的形成和发展具有明显的控制作用，常成为不同级别构造单元的界线。

南北向断裂系仅有 2 条。其特点是空间分布西部不如东部发育，北部不如南部发育；对晚侏罗世燕山—新近世喜马拉雅期岩脉控制作用明显；本省晚侏罗世早期、中期及白垩纪早期的古火山机构均处在此断裂系中；枞阳、铜陵及荻港等地长江沿南北方向发育可能与其有关。

北西向断裂系共有 2 条。其特点是常与北北东向断裂系伴生，分布于皖中地区。燕山、喜马拉雅两期岩浆活动往往受其制约。

2.4.3 水文地质条件分析

淮北地区位于黄淮海平原南部，包括淮河以北的霍邱、寿县北部。大致以 1/8000 坡降倾向南东，东北部残存山丘。年均降水量 700～900mm，年均蒸发量 1000～1300mm。以松散岩类孔隙含水岩组分布最广。一般厚 200～600m，东部小于 100m，西部可达 800m。地表水属淮河水系；浅部地下水资源丰富，埋藏浅；深部水承压，西部原有局部自流区，但已不存在（图 2-4）。

1. 含水岩组

松散岩类孔隙含水岩组几乎遍布全区。以埋深 40m 且分布稳定之黏性土为界，大致可分为浅层和深层两个部分。浅层大部由上更新统亚黏土、亚砂土、粉砂和细砂组成，仅山丘坡麓为上更新统下部之黏性土，基岩侵蚀基准面上覆有下更新统砾砂，北部黄泛区及河谷地带为全新统砂性土和黏性土。地下水一般为潜水，局部微承压。河间平原及洼地水位埋深 1～3m，滨河地带 3～5m。富水程度可分 4 级：

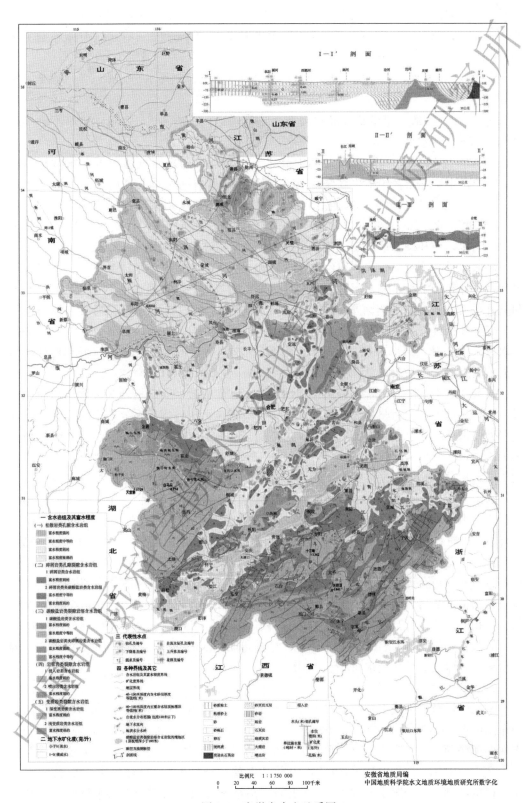

图 2-4　安徽省水文地质图

①30～50t/h 级，位于古河道。含水岩性主要为砂，有 2～3 层，总厚 10～15m，局部 20～30m，单层厚 3～5m。主要含水层顶板埋深 4～12m 和 20～30m。导水系数大于 $10m^2/d$。

②20～30t/h 级，位于古洪泛带。有粉砂 2～6 层，总厚 8～15m。导水系数 5～$10m^2/d$。

③10～20t/h 级，呈带状或岛状展布于古河道之间。有砂 1～2 层，总厚不足 5m，局部 5～7m。导水系数 $5m^2/d$。

④小于 10t/h 级，局限于东北部山麓之上更新统下部黏性土和下更新统砂砾分布区。深层由上第三系—中下更新统黏性土、砂及半固结钙泥质砂砾层组成，地下水承压。40～150m 深度内砂层厚度为沿淮大于 40m，谯城区—涡阳和浍河流域 2～8m。稳定水位埋深 0.2～3m。150m 以深的砂层厚度在蒙城—怀远明龙山以西 38～169m，谯城区—泚河集东南和砀山地区 15～85m，至浍河尖灭。单孔涌水量 6～75t/h。

碎屑岩类孔隙裂隙含水岩组由上元古界和二叠系—下三叠统组成。青白口系以碎屑岩为主，分布于泗县东北、蒙城西北和怀远明龙山等地。单孔涌水量小于 1t/h。二叠系和三叠系大部被掩埋于闸河平原下，构成向斜核部，由砂页岩夹煤层组成。地下水承压，煤层顶板砂岩含水较富，曾发生突水。静水位埋深 1～10m，局部 22～32m。单孔涌水量小于 5t/h，局部 41.5t/h。分布于埇桥区褚兰一带的上震旦统宿州群和栏杆群为砂岩、页岩夹碳酸盐岩，单孔涌水量 5～10t/h。

碳酸盐岩类裂隙岩溶含水岩组包括碳酸盐岩和碳酸盐岩夹碎屑岩 2 种含水岩组。前者由震旦系徐淮群、宿州群和中寒武统—中下奥陶统组成。震旦系分布于宿州青铜山和灵璧九顶山等地，由白云岩和灰岩夹少量砂页岩组成。岩溶发育深度小于 100m。地下水承压，静水位埋深在覆盖区较浅，一般 3～5m，基岩区较深且多变。常见单孔涌水量大于 50t/h。中寒武统—中下奥陶统出露于濉溪—埇桥区东北，为碳酸盐岩夹少量碎屑岩。岩溶发育深度在基岩区小于 100m，掩盖区 150～200m，局部 300m。在岩石裸露区一般为潜水，水位埋深 20～50m；坡麓、山前及盆地内则为承压水，静水位埋深小于 10m。单孔涌水量大于 50t/h。碳酸盐岩夹碎屑岩含水岩组由下寒武统和上石炭统组成。下寒武统出露于埇桥区北。一般组成褶皱核部，由灰岩夹页岩组成。静水位埋藏较深，局部达 20m。单孔涌水量 5～10t/h。上石炭统出露于淮北相山南端和萧县西南部，构成向斜翼部，由灰岩、粉砂岩夹煤层组成。地下水承压，静水位埋深小于 5m，局部 28～31m。单孔涌水量大于 50t/h。

岩浆岩类裂隙含水岩组见于萧县南、濉溪和埇桥区褚兰等地，主要为石英斑岩、闪长玢岩、辉绿岩。单孔涌水量小于 5t/h。

2. 地下水埋藏与富集

平原区松散岩类浅层孔隙潜水主要埋藏于全新统古河道砂层中，枯水期埋深自西北往东南由 3～4m 减至 1～2m，河间 1～3m，滨河 2～4m，黄河古道和山麓地带 3～8m，丰水期埋深可普遍上升 1～2m。单孔涌水量在古河道带为 30～50t/h，古河道两侧洪泛带为 20～30t/h，河间区 10～20t/h，山麓和坡麓小于 10t/h。松散岩类深层孔隙水承压，稳定水位埋深一般小于 3m。总体上看，沿淮和濉溪、宿州南部富水性较强，其余地区富水性较弱。

山区基岩裂隙岩溶和孔隙裂隙水，自分水岭至坡麓由潜水过渡为承压水，水位埋深则由 20～50m 递减为不足 10m。碳酸盐类岩层为主要含水层，尤以中下奥陶统为佳。地下水一般富集于丘陵山区外围浅埋的隐伏岩溶地段。灰岩中的断裂带岩溶发育，均为充水断层。

3．地下水化学成分

地下水大部分属于矿化度小于 1g/L 的重碳酸型淡水。矿化度总体北高南低，0.5g/L 的分界线在泗县—濉溪一线，有 2 个系统的水平分带规律，一是以黄河古道为主导者，自堤内至堤侧洼地呈现由 HCO_3—Mg（或 Ca）向 $HCO_3 \cdot SO_4$—Na（或 $HCO_3 \cdot Cl$）型变化；二是现代河流向河间由 HCO_3—Ca 向 HCO_3—Na 型水变化。深层地下水局部有矿化度 1～2g/L 的 $HCO_3 \cdot SO_4$ 型、SO_4—HCO_3 型和 SO_4—Cl 型水，总体有深度增加矿化度的趋势。

怀远—阜阳—界首以北局部地区，由于地下水位埋深浅（不足 2m），且运移交替滞缓，蒸发强烈，使盐碱浓缩并集积地表，导致表土盐渍。永城（河南）—泗县以北为 $HCO_3 \cdot SO_4$—Na（或 $HCO_3 \cdot Cl$）型水，矿化度有 1～3g/L，盐渍物为氯化物和硫酸盐；南部为单一的 HCO_3 型水，盐渍物为重碳酸盐。

4．地下水补径排特征

（1）孔隙水补给、径流、排泄特征

浅层孔隙水主要接受大气降水补给，次为汛期河流侧渗、灌溉回渗补给，以地面蒸发、植物蒸腾、农村分散开采和向河流补给为其主要排泄途径。目前地下水仍保持自然环境状态，自西北向东南缓慢运移，止于淮河，水力坡度为 1/8000～1/10000。

深层孔隙水在天然状态下其补给与排泄特征均以侧向径流为主，自西北流向东南，并可通过天窗或以越流顶托补给浅层孔隙水；开采状态下在开采影响区形成向心汇流，并可接受浅层孔隙水的越流补给。

（2）岩溶水补给、径流、排泄特征

分布于淮北平原东北部的岩溶水在裸露区主要接受大气降水补给，以侧向径流向山前浅隐伏区汇流，人工开采或顶托补给孔隙水为其主要排泄途径。由于与大气降水和岩溶水联系较为密切，补给源较充足，常可形成大、中型集中供水水源地。

（3）基岩裂隙水

隐伏分布于第四系及上第三系松散层之下的岩浆岩、变质岩和碎屑岩的裂隙和风化层中，与上层松散岩类孔隙水联系微弱。

2.5 区域地下水循环及三水转化关系

据《安徽省地下水资源评价》（安徽省地质环境监测总站，2002）中所述，淮北平原地下水流循环特征可用区域深循环系统、区域浅循环系统和局部循环系统这三类循环系统刻画。

2.5.1 区域深循环系统

淮北平原，特别是淮北平原西部发育的中深层地下水，主要来自流域上游伏牛山、桐柏山区的降水补给。地下水由西向东极缓慢地流动至安徽境内，由于上覆巨厚岩层的压力和弱透水岩层的阻隔，在淮北平原西部形成大范围的自流区；在水头差的作用下，中深层承压水向浅层地下水越流排泄。浅层地下水强烈的蒸发浓缩作用，由深至浅，水化学类型由 HCO_3—SO_4 型向 HCO_3—CL 型演变，矿化度趋于增高；在平面上，由山前至平原，地下水化学类型由 HCO_3 型演变为 $HCO_3 \cdot SO_4$ 型、$HCO_3 \cdot CL$ 型，矿化度也由低增高。

2.5.2 区域浅循环系统

淮北平原的浅层地下水及部分中深层地下水，主要接受当地降水的补给；地下水从西北向东南方向流动，但十分缓慢；这一流动系统西北起至黄河（或黄河故道），东南止于淮河。

在淮北东北部发育的岩溶地下水，在岩溶裸露区接受降水补给和在隐伏区接受上覆孔隙水的越流补给后，流径曲折的路径，总体由北向南运移。受以宿北断裂为代表的近东西向的张性断裂南侧弱透水的碎屑岩的阻挡，在断裂带汇集成岩溶水富集地段（图2-5）。

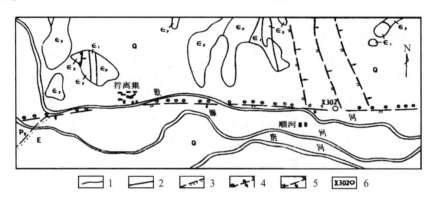

1-地层界线；2-断层；3-隐伏不整合界线；4-—侧充水—侧阻水隐伏正断层；5-隐伏逆断层；6-钻孔及编号

图2-5 宿北东西向充水和阻水隐伏断层示意图

2.5.3 局部循环系统

北部黄泛平原，尤其是在东北部废黄河高地及隋堤带状高地附近，地下水径流由高地向两侧的背河洼地，构成地下水局部流动系统。自堤内至堤侧洼地，地下水化学类型由 HCO_3—Ma（Ca）型向 $HCO_3 \cdot SO_4$（$HCO_3 \cdot CI$）—Na 型演变，矿化度由低增高；洼地内排水不畅，盐分聚集，土壤盐碱化。

中南部河谷河间平原及西部黄泛平原，地下水从地势较高的泛滥微高地、河间坡平地、河间平地等部位，向河谷、河间洼地（碟形洼地）方向运移，构成地下水局部流动系统。与现代河流近垂直，地下水流向河间地块，地下水化学类型形成 HCO_3—Ca 型至 HCO_3—Na 型的分带。在泛滥微高地两侧的地势低洼地带，存在土壤盐碱化现象；河间碟形洼地区积水难排，易涝易清，形成著名的中低产土壤砂姜黑土。

东北部低山丘陵区的裂隙岩溶水，在裸露区接受大气降水补给后，一部分以泉的形式（如皇藏裕、黑峰岭、九顶山这三大岩溶泉群）就地排泄，构成裂隙岩溶水的局部流动系统。

2.5.4 三系统转化关系

大气降水是淮北地区地下水最主要的补给来源。浅层孔隙地下水，直接接受大气降水的补给，对降水的反应十分灵敏；地下水位变化与降水量关系密切，季节性变化明显，雨季水位上升，枯季水位下降。1 年中一般出现两个水位峰值，梅雨期为小峰（春潮），6—9 月汛期为大峰（夏汛）。

据实测资料分析，埋深在 $50\sim100m$ 的地下水水位变化受降水量的影响比较显著，而埋深大于 $150m$ 的地下水水位对降水量的变化基本上没有反应。埋深在 $100\sim150m$ 的地下水与降水的关系则可分为两种情况：平原西部处于这一层位的地下水水位基本不受降水影响或影响很不显著，与浅层地下水联系微弱；东部和南部这一层位的地下水水位则明显地受降水量的影响，与浅层地下水的关系密切。中深层地下水对降水的反应滞后时间更长，短则 $9\sim16d$（$50\sim100m$），长则侧 $10\sim25d$（$100\sim150m$）。

淮北平原东北部的岩溶裂隙水与降水的关系极为密切，碳酸盐岩裸露区因岩溶发育而有利于降水的入渗，岩溶裂隙水在雨季可获得大量的补给，在碳酸盐岩裸露区及隐伏区中的岩溶水强径流带（靠近山前的碳酸盐岩浅埋区，上覆松散层中没有黏性土的阻隔，并处构造有利部位），岩溶水的水位变化几乎与降水同步；隐伏区中的非岩溶水强径流带（虽上覆松散层中没有黏性土的阻隔，但远离山前，埋藏较深），岩溶水的水位变化仍然明显受降水影响，但稍有滞后，滞后时间一般 $5\sim10d$；碳酸盐岩隐伏区中岩溶地层之上覆盖了较厚的黏性土，以及碳酸盐岩的埋藏区，与上覆含水层的水力联系相对较弱，岩溶水的水位变化对降水量的影响有所反映，但明显滞后，滞后时间一般 $10\sim30d$（图 2-6～图 2-12）。

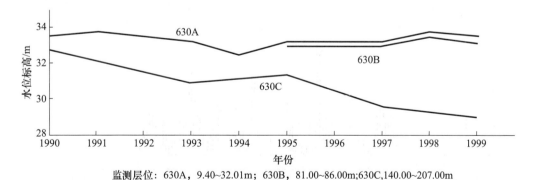

监测层位：630A，9.40~32.01m；630B，81.00~86.00m；630C，140.00~207.00m

图 2-6 亳州赵桥（630 孔组）年平均地下水水位动态曲线图

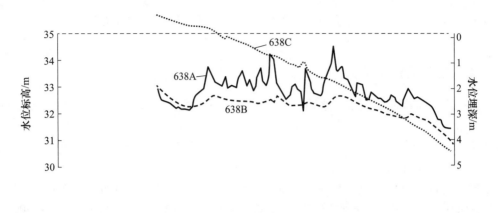

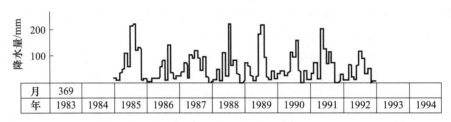

监测层位：638A，3.80~40.05m；638B，58.75~113.93m；638C，160.00~201.00m

图 2-7 太和洪山（638 孔组）地下水水位动态曲线图

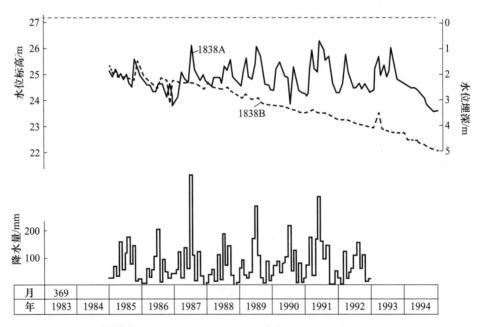

监测层位：1838A，27.14~37.81m；1838B，88.91~114.21m

图 2-8 利辛胡集（1838 孔组）地下水位动态曲线图

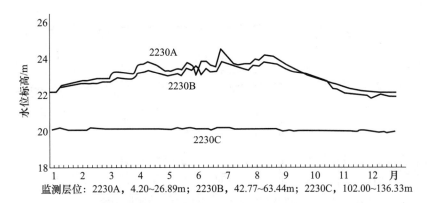

监测层位：2230A，4.20~26.89m；2230B，42.77~63.44m；2230C，102.00~136.33m

图 2-9　蒙城双涧（2230 孔组）年平均地下水水位动态曲线图

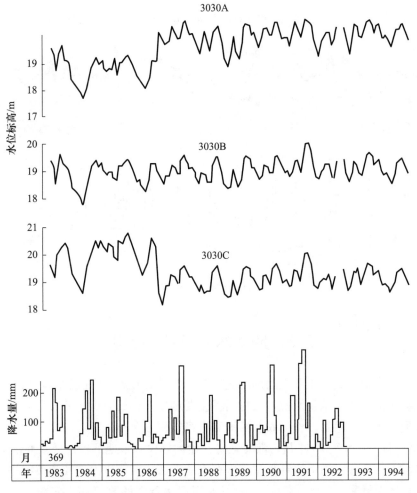

监测层位：3030A，13.30~28.29m；3030B，32.75~60.46m；3030C，93.69~97.80m

图 2-10　怀远新集（3030 孔组）地下水水位动态曲线图

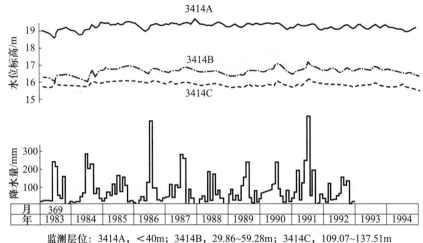

监测层位：3414A，<40m；3414B，29.86~59.28m；3414C，109.07~137.51m

图 2-11　五河胡集（3414 孔组）地下水水位动态曲线图

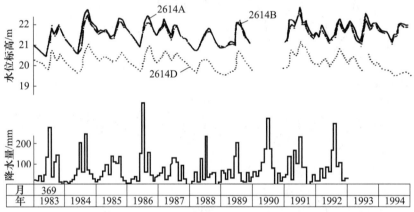

监测层位：2614A，5.48~21.47m；2614B，34.79~62.12m；2614D，90.00~151.55m

图 2-12　灵璧娄庄（2614 孔组）地下水水位动态曲线图

2.6　地下水开发利用历史

安徽省淮北地区地下水开发利用历史悠久，"临水而居，凿井而饮"，历史上浅层地下水是人类生活用水的重要水源，农村居民主要利用砖砌或石砌土井分散开采浅层地下水和少许裂隙水、岩溶水，作为农业灌溉和人畜饮用水。

根据统计，20 世纪 70 年代，淮北地区开始大规模开采地下水发展农业灌溉，20 世纪 80 年代和 90 年代，地下水开采量集中在淮北地区，淮河以南的江淮波状平原及沿江平原地区有零星开采。2000 年以后，随着人们生活条件的改善和工农业的发展，以及城镇建设和火电工业的发展，生活和工业开采地下水水量逐年增加，2000—2010 年年均地下水开采总量为 20.5 亿 m³，较 20 世纪 70 年代开采总量增长了 1 倍还多，至 2012 年，全省地下水开采量达到高峰，其后随着各地地下水超采治理措施推进，地下水开采量有所回落。淮北地区 2000—2020 年地下水开采量见图 2-7。

据《安徽省淮北地区地下水资源开发利用规划》（安徽省水利科学研究院，1998）所述，1993 年底全区机电井 116195 眼，其中井深小于 50m 的浅井 114632 眼，井深在 50～150m 的中深井 852 眼，井深大于 150m 的深井 711 眼；包括 20 万眼小口井和 300 万眼手压井在内，实际开采量达 16.82 亿 m^3，其中浅层地下水量 12.46 亿 m^3，占总开采量的 74.1%，中深层 1.65 亿 m^3，占 9.8%，深层 2.71 亿 m^3（包括煤田疏干排水量在内），占 16.1%；1993 年社会用水结构与各用户用水量见表 2-2。

表 2-2　1993 年各部门、行业用水量统计

部门	农灌	农村生活	集体工业	城市生活	国有工业	矿坑排水	分层统计			
							浅层	中深层	深层	合计
用水量/亿 m^3	5.19	4.57	2.69	1.35	2.54	0.48	12.46	1.65	2.71	16.82
比例/%	30.9	27.2	16.0	8.0	15.1	2.8	74.1	9.8	16.1	100

备注：乡镇水厂中包括部分企业的农业生活用水。

区内浅层地下水开发利用方式和开采总量基本保持不变，这主要是由于浅层地下水开发利用用户是农灌和农村生活，这两种用户的需水量变化较小。1993 年实际井灌溉面积 557 万亩，2000 年实际井灌溉面积 588 万亩（其中机电井实际灌溉 419.9 万亩），另外灌溉用水量还受降水量影响，所以农业灌溉在开发利用浅层地下水方式和开采总量方面基本没有变化。1993—2000 年，区内农村人口虽有较大幅度的增加，1993 年和 2001 年农业人口分别为 2085.1 万和 2225.6 万，农村用水基本还保持在人均 40～45L/d 的水平，但结合农村劳动力外出务工逐年增加这一区域用水减量因素，所以农村人饮区域总量变化也比较小。

区内中深层、深层承压水资源主要为城市和县城的工业与生活用水所集中开采，广大农村与乡镇开发利用量较小（但近年来农村与乡镇的发展速度较快）。随着工业生产的发展和城市规模的扩大，对优质水资源供应量的需求逐渐增大，受区域水资源现状的约束，扩大优质中深层、深层承压水开采范围和规模就成了首位的也是无奈的选择。这导致中深层、深层承压水在开发利用范围（主要指开采的平面分布区域）、规模以及开发利用方式（主要指开采深度）上都有比较大的变化。1993—2002 年区域地下水开采总量与浅、中、深层利用量统计见表 2-3。

表 2-3　1993—2002 年区域地下水开采总量与各层位利用量统计

年份	地下水开发利用量/亿 m^3			地下水开采井（机电井）			
	浅层	中、深层	总量	浅井数/眼	供水能力/亿 m^3	中深井数/眼	供水能力/亿 m^3
1993	12.46	4.38	16.84	114632		1563	7.27
1999	12.80	5.68	18.48				
2000	12.85	5.67	18.52	248711	22.83	1700	9.83
2001	14.44	5.95	20.39				
2002	13.01	5.91	18.92				

备注：①数据来于安徽省水利统计年鉴和安徽省水资源公报；②2000 年机电井中浅井配套井数 85333 眼，中深井配套井数 1636 眼

1993 年全区年开采，岩溶水和孔隙承压水 4.38 亿 m³ 中，农村生活取用的量为 0.14 亿 m³，51 处乡镇水厂取用量为 0.61 亿 m³。1993 年后，农村饮水解困事业和乡镇供水事业发展比较快，至 2000 年，这两部分用水量增加了将近一倍，加之一些县城也在扩大开采，所以在区内较大城市（也是较大规模的集中开采区，如阜阳市、淮北市）开始控制岩溶水和孔隙承压水开采的时期，全区开采总量仍在不断增长；1993—2001 年，全区开采总量年平均增长率为 4.21%。

2000 年，岩溶水和孔隙承压水开采仍主要集中在阜阳市、淮北市、和宿州市这三市的市区，年开采量分别为 5700 万 m³、10800 万 m³、3900 万 m³；在亳州市和界首市的市区，以及各县的县城区范围内，也形成了一定规模的集中开采，其中亳州、界首两市年开采量分别达到 2700 万 m³ 和 1410 万 m³；县城、乡镇、和农村共开采 31290 万 m³（1993 年为 17460 万 m³），这一部分开采量年均增长 11.3%（图 2-13）。

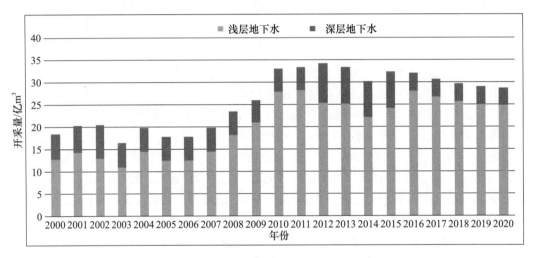

图 2-13　淮北地区 2000—2020 年地下水开采量

目前，在淮北平原大部分地区，深层承压水、岩溶水和裂隙水已成为城市居民生活用水和工业用水的主要供水水源。而在广大农村地区，浅层孔隙水仍然是农业灌溉和农村人畜饮水的重要水源，但是由于浅层地下水大面积存在砷、氟、铁、锰等原生水质超标，以及污染等原因，从 20 世纪 90 年代开始，水源开始逐渐从浅层地下水分散供水方式向集中开采深层承压水的供水方式转变。

2.7　地下水资源及其开发利用现状

2.7.1　地下水资源量及可开采量

1. 地下水资源量

安徽省淮北地区（2001—2016 年）地下水资源量为 95.10 亿 m³（矿化度 $M \leqslant 2g/L$，下同），多年平均地下水资源模数为 16.67 万 m³/km²。

安徽省淮北地区水资源三级分区多年平均（2001—2016 年）地下水资源量汇总成

果见表2-4。

表2-4　安徽省水资源分区2001—2016多年平均地下水资源量

水资源三级区	计算面积/km²	地下水资源量/万m³	地下水资源模数/万m³·km²	平原区与山丘区重复计算量/万m³
王家坝以上北岸	325	6693	20.58	0
王蚌区间北岸	16802	326134	19.41	0
蚌洪区间北岸	15647	295600	18.89	11378
王蚌区间南岸	19123	264017	13.81	6396
蚌洪区间南岸	6851	53162	7.76	341
南四湖区	273	5353	19.59	0
合计	59021	950959	100.04	18115

按地级行政分区，阜阳市多年平均地下水资源模数最大，为19.67万m³/km²；其次为宿州市，为18.83万m³/km²；最小为淮南市15.06万m³/km²。

2. 地下水可开采量

安徽省平原区（矿化度M≤2g/L）2001—2016年多年平均地下水可开采量为59.28亿m³，多年平均可开采模数为11.73万m³/km²（图2-14、表2-5）。

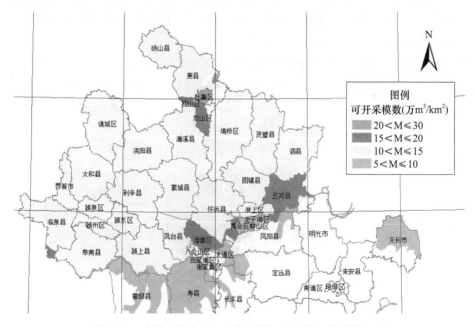

图2-14　安徽省淮北地区多年平均地下水资源模数分区图

表2-5　淮北地区水资源三级区多年平均地下水可开采量

水资源三级区	总补给量（万m³）	地下水资源量（万m³）	可开采量（万m³）	可开采量模数（万m³/km²）
王家坝以上北岸	6769	6693	4618	14.20
王蚌区间北岸	331203	326134	216573	12.89
蚌洪区间北岸	292961	289598	191240	12.85

水资源三级区	总补给量（万 m³）	地下水资源量（万 m³）	可开采量（万 m³）	可开采量模数（万 m³/km²）
王蚌区间南岸	95960	95710	48596	8.84
蚌洪区间南岸	7803	7778	3877	9.62
高天区	15107	15107	8676	9.88
南四湖区	5410	5353	3736	13.67
合计	755213	746373	477314	12.22

从空间分布看，按水资源分区，淮河区王家坝以上北岸多年平均地下水可开采量模数最大，为 14.20 万 m³/km²；其次为淮河区南四湖区，为 13.67 万 m³/km²；最小为淮河区王蚌区间南岸，为 8.84 万 m³/km²；其余各水资源三级分区模数在 9.62 万～12.89 万 m³/km² 之间。按地级行政分区，阜阳市多年平均地下水资源模数最大，为 13.61 万 m³/km²；其次为淮北市，为 13.04 万 m³/km²。

2.7.2 地下水开发利用状况

根据统计，2020 年，淮北地区地下水开采主要集中于 6 个地级市，地下水供水量为 27.45 亿 m³，从地下水开采量排名看，宿州、阜阳和亳州分列前三名。

按地下水类型分，淮北地区浅层地下水主要用于农业灌溉和农村生活用水，开采量为 23.79 亿 m³，占地下水总开采量的 87.0%，深层承压水主要用于城镇生活和工业用水，开采量为 3.66 亿 m³，占总开采量的 13.0%。

按用水行业分，居民生活及城镇公共用水开采量合计 8.07 亿 m³；工业用水开采量合计 5.65 亿 m³，农业灌溉及林牧渔畜用水开采量合计 13.34 亿 m³，三项用水分别占地下水开采总量的 29.4%、20.6% 和 48.6%。2020 年淮北地区各行业地下水利用量见图 2-15。

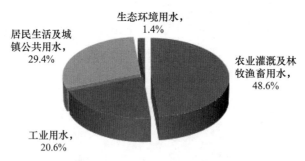

图 2-15 2020 年安徽省地下水利用量组成

1. 浅层孔隙水水质

浅层孔隙水主要接受大气降水入渗补给，排泄以潜水蒸发为主，垂向交替强烈，除局部地势低洼、天然富集以及人类活动造成污染的地区外，绝大部分地区地下水属 $HCO_3—Ca$、$HCO_3—Na$ 或 $HCO_3—Mg$ 型淡水。

从矿化度分布上看，淮北地区基本上都为矿化度小于 2.0g/L 的淡水，其中，矿化度 0.5～1.0g/L 的淡水分布面积约占总面积的 85%；矿化度 1.0～2.0g/L 的区域主要分布于濉溪县北部及萧县西北部，约占总面积的 14%；矿化度小于或等于 0.5g/L 的区域约占总面积的 1%。总体上看矿化度是北低南高。从北向南除 Ca^{2+}、Mg^{2+} 减少外，其他主要离子 Na^+、HCO_3^-、Cl^-、SO_4^{2-} 均有所增加。

根据安徽省地下水功能区划分有关成果，淮北地区浅层地下水 I 类水的分布面积约占淮北地区总面积的 0.6%；II 类水面积约占淮北地区总面积的 8.2%；III 类水面积约占淮北地区总面积的 51.2%；IV 类水面积约占淮北地区总面积的 23.7%；V 类水面积约占淮北地区总面积的 16.3%。III 类和优于 III 类水约占淮北地区总面积的 60.0%。V 类水主要分布于阜阳、宿州、蚌埠、六安等城市周围，以及淮河、长江部分支流沿岸。因人口密集，污染严重，地下水中超标组分为 COD、总硬度、溶解性总固体、NO^{2-}；IV 类水分布于淮北北部、西部亳州一带的黄泛区及阜阳东部的河间低洼处，这些地区地下水径流条件较差，水交替强度弱，地下水中原生的铁、锰、氟含量较高；III 类水遍布淮河北部地区，地下水中超标组分亦是原生的铁、锰、氟。

2. 深层孔隙水水质

深层孔隙水主要分布于安徽省淮河以北平原区，大多不直接接受当地大气降水补给，更新缓慢，水循环条件较差，排泄方式以人工开采为主，水化学变化特征与浅层水相似，自北向南水质类型从 HCO_3—$Ca \cdot Na$ 型逐渐变为 HCO_3—Na 型水，矿化度逐渐增高，Ca^{2+}、Mg^{2+} 逐渐降低，而 Na^+、HCO_3^-、Cl^-、SO_4^{2-} 逐渐增大。

从矿化度分布上看，淮北地区深层地下水基本上都为矿化度小于 2.0g/L 的淡水，其中，矿化度 $0.5 \sim 1.0$ g/L 的淡水主要分布于淮北平原中南部地区，面积约占总面积的 50%；矿化度 $1.0 \sim 2.0$ g/L 的区域约占总面积 48%；矿化度小于等于 0.5g/L 的区域位于颍上沿淮一带，约占总面积的 1%；矿化度大于 2.0g/L 的区域主要在亳州东部和砀山南部，面积约占总面积的 1%。淮北平原大面积分布着 III 和 IV 类水，局部地区出现 II、V 类水。V 类水主要分布于砀山县城、蚌埠市周围，属污染所致，地下水中超标组分除原生的铁、锰、氟外，主要为 COD、NH^{4+}；II 类水分布于界首—阜阳一带；III 类和 IV 类水遍布淮北平原，地下水中铁、锰、氟、pH 值超过 V 类水标准。

2.8　地下水系统脆弱性

正是由于地下水系统的脆弱性使地下水开采导致环境条件的破坏，依据这种可预见的"环境条件的破坏"对人类社会可持续发展的影响程度，人们对地下水资源不合理的开发利用方式、程度与范围等进行了科学合理的调整，地下水限采和禁采是上述"科学合理的调整"重要内容之一。可以说，地下水系统脆弱性研究是地下水限采和禁采规划工作的重要基础。

关于地下水系统脆弱性的定义，目前国内外学术界尚未统一，从实际研究出发，本研究认为，地下水系统脆弱性是刻画地下水系统状态抵御环境条件变化的能力。在人为作用下，地下水系统脆弱性主要表现在两个方面：一是由于水循环条件的变化，导致地下水流系统的水质恶化；二是由于不合理的开采，导致补排平衡状态的破坏，进而引发环境水文地质条件的恶化。

从现状分析，安徽省淮北平原在地下水开发利用过程中，地下水系统脆弱性主要表现为在不合理的开采条件下，集中开采区的松散孔隙承压水（或裂隙岩溶水）含水岩组中的地下水流系统原有补排平衡状态遭受破坏，进而因地下水水位持续下降引发了诸如含水层疏干、地面沉降、地面塌陷等环境水文地质问题的发生。另外，在局部地区，由于地下水系统固有的脆弱性，开采有可能导致地下水流系统的水质条件恶化。

按区域水文地质条件、开发利用现状和地下水系统的脆弱性表现，本研究认为，安徽省淮北平原可分为淮北平原西半区、东南沿淮区、淮北平原东北区和肖砀区共4个区（图2-16），4个区的水文地质条件和地下水系统的脆弱性表现将按区分别论述。

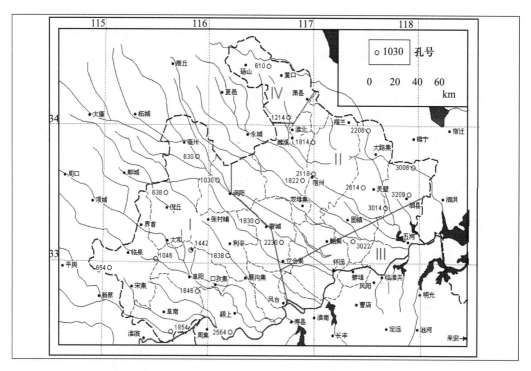

图 2-16 安徽省淮北平原地下水限采规划分区
Ⅰ—西半区；Ⅱ—东北区；Ⅲ—东南沿淮区；Ⅳ—肖砀区

2.8.1 淮北平原西半区地下水系统脆弱性及其主要表现

淮北平原西半区，行政区划大致包括阜阳市、亳州市（蒙城、涡阳各一半）和淮南市凤台县的淮北部分，总面积约18100km²。

该区主要特点是开采孔隙承压水，补给困难，开采强度大；地下水系统脆弱性主要表现形式是承压水过量开采，造成承压水水位持续下降且已形成区域性降落漏斗，并在以集中开采区域为中心的大范围地区引发了地面沉降，这在开采强度最大的阜阳市表现最为突出。

区内松散孔隙水赋存于具多层结构的巨厚的第四系和新近系松散地层中，按埋藏条件和水力性质可分为上部浅层潜水含水层组和中深、深部承压含水层组。浅层潜水埋藏深度40m以下，中深层承压水埋藏深度50～150m（150m处约为Q的底板），深层承压水埋藏深度一般大于150m；中深层承压水与浅层潜水之间有一定的水力联系，深层承压水含水层组与上部含水层组之间水力联系微弱，深层承压水含水层组相对封闭。

区域承压水水位持续下降,中深层和深层承压含水层,在区内形成区域性孔隙型承压水盆地,20世纪70年代初水头接近地表面,局部高出地面0.19~4.27m。20世纪80年初,井深多小于150m;随着工业生产的发展和城市规模的扩大,开采量逐渐增大,由于补给困难,承压水水位不断下降,80年代末自流现象基本消失,表明区域性降落漏斗已经形成;进入90年代,对中深层、深层承压水的需求量与日俱增,深井越打越多,井也越打越深,各市、县主要开采目的层深度由80年代的100~200m发展到300~500m,最大成井深度达800m(本次规划中未调查证实);随着开采深度的增人,深层承压水开采量的比例迅速加大,由于深层承压水补给非常困难,所以导致区域承压水水位持续下降,各市、县城区相继出现承压水降落漏斗,并逐渐形成几乎覆盖了全区的承压水水位下降区。

1997年底,在大面积的下降区中,阜阳、界首两市的主要开采层水头埋深大于10m的开采漏斗范围分别为800km²、150km²(界首市开采漏斗已越界扩展至河南省境内),漏斗中心动水位埋深阜阳市为82m、界首市为45m,漏斗区水位正以0.55~1.21m/a的速率下降;区域承压水水头仍持续缓慢下降。2000年全区中深层、深层承压水开采量约1.71亿m³,中深层承压水水位区域分布参见图2-17。

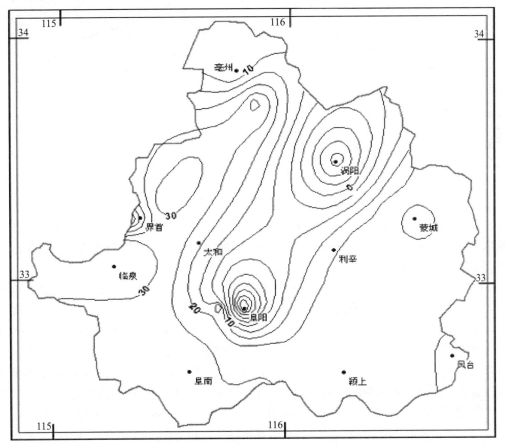

图2-17 淮北平原西半部中深层地下水等水位线图(2000年平均水位)

　　阜阳地面沉降：阜阳市地面沉降始于 20 世纪 70 年代初，其发生与发展过程大致可分为三个阶段（图 2-18）：1970—1980 年为地面沉降形成期，沉降范围约为 80～100km²，中心沉降量 83.7mm；1980—1990 年为地面沉降加速期，沉降范围与中心沉降量分别以 26km²/a、78.9mm/a 的速率高速增长，1990 年沉降区面积 360km²，中心累计沉降量为 872.8mm；1990 年至今为地面沉降发展期，沉降速率有所减缓，但仍以 6.25km²/a、59.33mm/a 的速率发展。1999 年沉降范围大于 410km²，中心最大累计沉降量 1347.42mm。

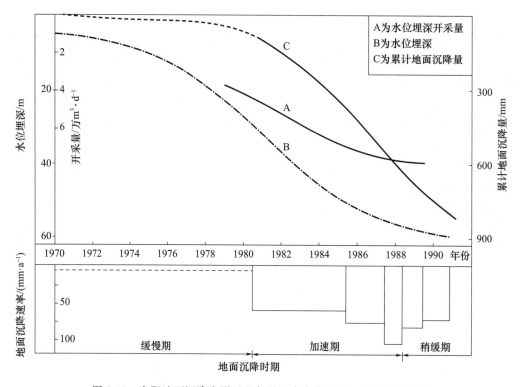

图 2-18　阜阳地面沉降发展过程与承压水水位埋深、开采量关系图

　　阜阳地面沉降是由于市区内中深层、深层地下水的过于集中开采，导致黏性土压密释水引发的。该市所处地段分布于 0～150m 深度内的，中、下更新统的黏性土层是地面沉降的主要压缩层。20 世纪 80 年代初，中深层承压水水位一般为 17.8～34.28m（埋深为 1.37～10.31m），漏斗中心水位埋深为 50～80m，地下水由漏斗外围流向漏斗中心；从 20 世纪 70 年代到 80 年代末，承压水年开采总量近呈直线上升（1975 年为 985 万 m³、1989 年达 3865 万 m³），与之对应的是承压水水位呈直线下降（多年平均水位下降速率为 0.3～0.7m/a），此时就形成了地面沉降的加速期；80 年代末，在自流现象基本消失与区域性降落漏斗形成的同时，阜阳市地面沉降已产生明显影响，如地面沉降迹象非常明显，则出现深层地下水开采井井管拔高、井台开裂（图 2-19）等现象；从 90 年代初开始，由于阜阳市开始控制承压水的开采（特别是 50～150m 含水层位），承压水开采总量保持平稳波动状态，与承压水水位下降趋势相一致，阜阳市地面沉降中心沉降量和沉降范围的增长趋势也有所减缓（图 2-20）。

图 2-19　地面沉降造成井管拔高

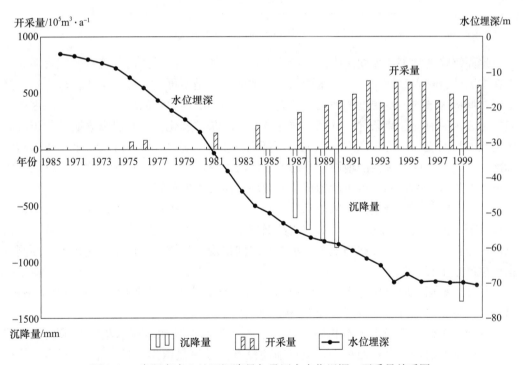

图 2-20　阜阳市中心地面沉降量与承压水水位埋深、开采量关系图

　　阜阳市地面沉降形态在平面上为一椭圆形的浅漏斗状：其长轴为北西—南东向，长约 25.4km，短轴为北东—南西向，约 21.2km，中心最大沉降量为 872.82mm，沉降量大于 200mm 的范围内沉降坡度为 0.14‰~0.18‰。1999 年初，省测绘队对阜阳市水准点进行复测，沉降中心最大累积沉降量已达 1347.42mm，沉降范围约 410km² （图 2-21）。根据 1990—1999 年间地面沉降的发展速率，即沉降中心沉降速率为 59.33mm/a，目前沉降中心累计沉降量约为 1584.74mm。

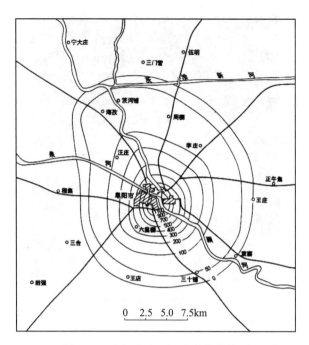

图 2-21　阜阳市地面沉降量等值线图

地面沉降的危害：地面沉降的直接危害首先是地面失高，国内外现有研究表明，发生在本区的这种因黏性土压密释水而引发的地面失高是不可逆过程。虽然在这样的内陆地区，局部区域内一定幅度的地面失高尚不至于导致陆地面积的缩小，但有可能因此而破坏地表水原有的径流条件，从而导致区域水环境条件恶化。已有研究表明，位于沉降区的颍、泉河堤坝，堤顶高度均随地面沉降而降低，已达不到原设计 20 年一遇的防洪标准；主要沉降区范围内的地面标高已低于河流洪水位 1～2m，这显然增加了该区域洪涝灾害发生的概率，同时也可能加深了同频率洪涝灾害的危害程度。

地面沉降使区域测量控制网遭到严重破坏，如国家地震局以阜阳市为中心布设的阜阳环Ⅱ等水准线路，因地面沉降对监测数据的干扰，影响了地震监测工作；区域水文监测网中，颍河阜阳闸水文站与上游的水文站之间出现水位倒比降现象，这给水文预测预报产生严重干扰。

另外，地面沉降还使得部分市政设施因此而遭受破坏，如地下水开采井发生倾斜、错位，井管相对抬升、井台开裂变形等。

在地质条件与阜阳市基本相同的淮北平原西半部，其他承压水集中开采区如"界首、亳州估计已经产生地面沉降，但目前还没有实际测量数据可资验证"，同样，地面沉降肯定也已在承压水集中开采量比较大的各县县城区产生，可能仅是缺少实际测量数据验证而已。

2.8.2　淮北平原东北区地下水系统脆弱性及其主要表现

淮北平原东北区，行政区划大致包括淮北市全境，宿州市泗县、灵碧全境，亳州市的蒙城、涡阳两县各一部分；蚌埠市固镇、怀远两县各一部分；总面积约 13000km²。

该区主要特点是开采的地下水类型是岩溶水和孔隙承压水，开采目的层的补给条件好，开采强度大。地下水系统的脆弱性主要表现形式是，在以集中开采区域为中心的较大范围内，造成开采层中的地下水水位大幅度下降且已形成较稳定的开采漏斗，进而在开采层和上覆含水层组中的一部分含水层被疏干。这以岩溶水面开采强度最大的淮北市和孔隙承压水面开采强度最大的宿州市最具代表性。

1. 裂隙岩溶水开采

淮北平原东北区已勘探查明，在宜井深度内，发育有碳酸盐岩类含水岩组的区域面积 5220km²，其中构成水源地的面积为 3380km²。

区内裂隙岩溶水主要接受大气降水的入渗补给、上覆孔隙水的渗流和越流补给，根据补给条件的差异（反映裂隙岩溶水与大气降水联系的密切程度），本区的裂隙岩溶水分布区可分为 3 种类型（图 2-22）。

（1）裸渗区

为裂隙岩溶含水岩组的裸露地区，大气降水由此直接渗入地下，补给裂隙岩溶水。

（2）连通区

上覆松散岩层厚度小（一般小于 40m）、透水性能良好，裂隙岩溶含水岩组与孔隙含水岩组水力联系密切（一般无连续分布的黏性土层），本区的大气降水能够通过上覆松散岩层中的"天窗""侧窗"，十分畅通地渗入补给裂隙岩溶水，裂隙岩溶水与上覆的孔隙水是一个整体。该区主要沿山前平原展布。

（3）越流区

裂隙岩溶含水岩组的隐伏区，上覆松散岩层的厚度小于 200m；开采条件下上覆孔隙水后再向下越流补给裂隙岩溶水。

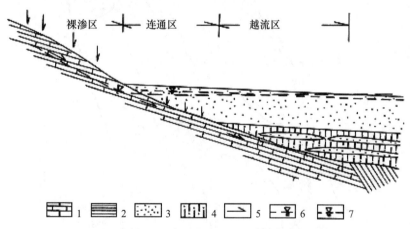

图 2-22　岩溶水系统概念模型图

1—岩溶裂隙含水岩组；2—碎屑岩类隔水层；3—松散岩类含水层；
4—松散岩类弱透水层；5—岩溶水流向；6—岩溶水水位；7—孔隙地水水位

安徽淮北平原中的低山丘陵基本全分布在该区，总面积 928.8km²，主要由震旦系、下古生界的碳酸盐岩夹碎屑岩构成，这基本都属于岩溶裸渗区；其余约 4290km² 属于连通区和越流区。集中开采区主要分布在越流区，少量分布在连通区。

2000 年，全区开采裂隙岩溶水总量约 1.5 亿 m³，其中淮北市区范围（87km²）内集中开采量为 1.1 亿 m³，占全区总量的 73.3%；淮北市及其周边 354km² 范围内开采量为 1.34 亿 m³，占全区总量的 89.3%。

淮北市岩溶水开采漏斗：根据安徽省地质矿产局第一水文地质工程地质队提交的《安徽省淮北市第二发电厂供水水文地质勘探报告》(1982)和《安徽省淮北市供水水文地质勘察报告》(1989)，两次勘察覆盖范围共 1192km²（表 2-6、图 2-23），共查明的地下水资源量 53.24 万 m³/d，其中岩溶水资源为 49.22 万 m³/d。

表 2-6　区域水文地质勘察成果

水源地	分析项						备注
	勘察面积/km²		资源量/（万 m³·d⁻¹）			2002 年开采量/（万 m³·d⁻¹）	
	总面积	岩溶水分布区	A 级	B 级	C+D 级		
淮北市供水勘察	664	260	19.17	8.5	5.0	27.11	淮北市供水勘察范围内另外还有孔隙水承压水 4.02 万 m³/d。
二电厂供水勘察	528	275	2.91		13.64	5.44	
合计	1192	535	22.08	8.5	18.64	32.55	

资源量栏目中，上表 2002 年开采量应按图中对应列读取。

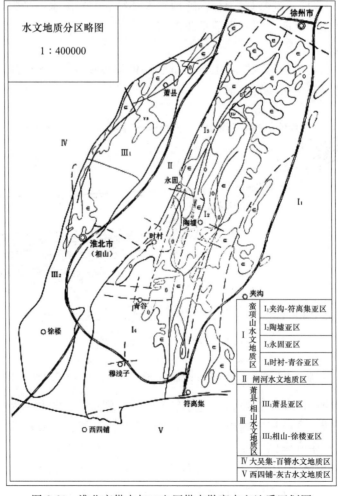

图 2-23　淮北市供水与二电厂供水勘察水文地质区划图

本区裂隙岩溶水补、径、排的主要特征可概括为：自裸渗区向连通区、越流区，松散覆盖层逐渐增厚，在平原地带厚度一般为50～90m；盖层具多层结构，赋存于其中的孔隙水主要为潜水、半承压水；较为发育的古河道内的砂层富水性好，一些地段砂层与碳酸盐岩直接接触，成为"天窗"和"侧窗"，这使得区内的孔隙水与裂隙岩溶水之间有密切的水力联系（图2-24）；在发育完好的断层切割与导通作用下，区内的碳酸盐岩类、碳酸盐岩夹碎屑岩类、碎屑岩夹碳酸盐岩类含水岩组中赋存的裂隙岩溶水具有密切的水力联系，构成一个整体，在开采状态下，可形成统一的流场。

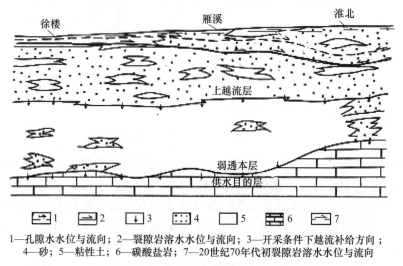

1—孔隙水水位与流向；2—裂隙岩溶水水位与流向；3—开采条件下越流补给方向；
4—砂；5—粘性土；6—碳酸盐岩；7—20世纪70年代初裂隙岩溶水水位与流向

图2-24　淮北水源地水文地质概化模型

天然状态下，区域裂隙岩溶水在相山等岩溶裸露区接受降水补给和在隐伏区接受上覆孔隙水的越流补给后，总体经曲折的路径由北向南运移，受近东西向的张性断裂南侧弱透水的碎屑岩的阻挡，在断裂带汇集成岩溶水富集地段；地下水流向由北向南。

在淮北市水源地和二电厂水源地中，有6个裂隙岩溶水集中开采区，烈山、二电厂两个集中开采区位于二电厂水源地范围，其余4个在淮北市水源地范围内。二电厂水源地目前开采量较小，2001年开采1905万 m³，占市区开采总量的16.7%，仅是勘探资源量的31.5%；而市区开采总量的83.3%集中在淮北市水源地，目前该水源地的开采量已达到勘探资源量的83.1%；因开采而产生的一些问题也都是发生在淮北市水源地。

淮北市水源地，1970年以前，裂隙岩溶水开采量甚小，裂隙岩溶水系统基本上处于天然状态，水位埋深一般1～3m，三堤口—徐楼一带尚有自流区段。

1970—1997年，裂隙岩溶水开采量呈直线上升，并于1997年前后达最大（全市1.19亿 m³/a，淮北市水源地为0.99亿 m³/a,）；与之对应，水位以0.5～1.5m/a的速度迅速下降，并于1996年水位埋深降至最低49.10m（个别地段受开采调整影响，水位于2000年降至最低），对应标高为−15.74m；在这一期间，形成以一电厂和市区为中心的裂隙岩溶水和孔隙水双层降落漏斗，1997年前后漏斗扩展面积最大，标高为20m的等水位（压）线囊括的漏斗面积约200km²。

1998年开始进一步控制开采，开采量有所减少，并基本稳定在1.03亿～1.07亿 m³/a，此时水位也开始有所回升；2003年，受强降水补给影响，裂隙岩溶水水位大幅度上升，平均升幅在 5m 左右，市区个别地段最大升幅达 20m，基本恢复到 1985 年前后的水平（图 2-25）。

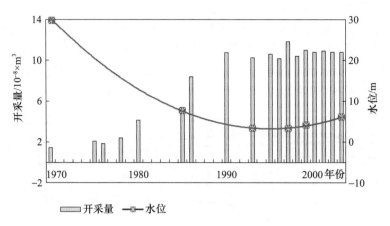

图 2-25　开采量与水位变化过程图

淮北市裂隙岩溶水开采引发的危害：目前淮北市的裂隙岩溶水开采，已形成以一电厂和市区为中心的裂隙岩溶水和孔隙水双层降落漏斗，裂隙岩溶水埋深最大达 49.10m；这使得岩溶裸渗区和山前连通区的裂隙岩溶含水岩组和浅层孔隙含水层组被疏干；受其影响，近几年相山南侧山前一带裂隙岩溶水开采井时有吊泵现象，出现工农业争水，局部地区甚至在旱年或枯水季节发生农村饮水困难（图 2-26）。

值得指出的是，在裂隙岩溶水开采导致裂隙岩溶水和孔隙水双层降落漏斗这一令社会关注的问题的同时，根据 1974—2001 年实际监测结果，一电厂开采井中的裂隙岩溶水的总硬度和溶解性总固体呈持续性的波动上升趋势，到 2001 年，两者分别上升了 308mg/L 和 178mg/L，平均每年增高 3.2％和 2.3％（图 2-27）。

依据《地下水质量标准》（GB/T 14848—93），按总硬度目前的数值，现在已处于在 "Ⅳ类" 水范围内，已接近 "Ⅴ类" 水下限，按现在的增长速率，再过四五年的时间，这一点上的裂隙岩溶水将恶化到 "Ⅴ类" 水，也就是说四五年过后，此时的裂隙岩溶水将不宜作为饮用水。现有的分析和研究，都未能准确解释该趋势的成因，一些分析简单地将之归咎于所谓的 "过量开采"，缺乏严谨的科学证据；另外，这仅是一个点上的数据，是否具有区域意义，也需要进一步研究。

2. 孔隙承压水开采

在总面积约 13000km² 的东北区中，孔隙承压水分布区面积约 7780km²。与 "西半区" 相比，在地下水系统的赋存、补给、径流、排泄条件及其脆弱性主要表现形式上，本区的孔隙承压水系统具有以下几个特点：

（1）本区的第四系和新近系松散孔隙层厚度小，一般在 50～300m。

（2）按埋藏条件和水力性质，一般可分为上部浅层潜水含水层组和中深承压含水层组。

（3）浅层与中深层两含水层组之间水力联系密切，通过两者之间的弱透水层和 "天窗"，中层承压含水层组可从上部浅层潜水含水层组中获得补给。

（4）受区域地表水分布与利用条件限制，区内浅层、中深层地下水开发利用程度相对较 "东南沿淮区" 高，其中浅层地下水开发利用程度与 "西半区" 相当。

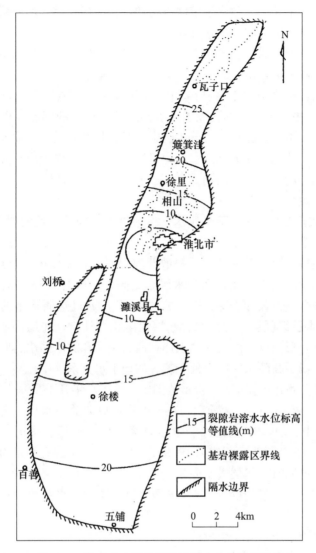

图 2-26　淮北市水源地裂隙岩溶水水位等值线图

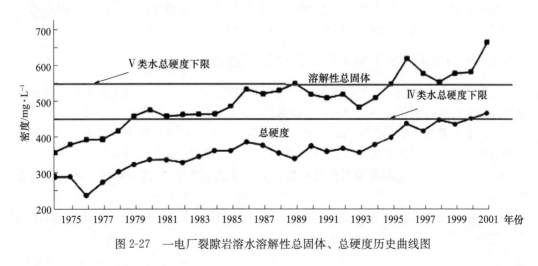

图 2-27　一电厂裂隙岩溶水溶解性总固体、总硬度历史曲线图

（5）由于浅层、中深层孔隙水系统联系密切，在深层孔隙水形成漏斗的同时，浅层孔隙水亦相应形成了一定范围的降落漏斗。

（6）地下水系统的脆弱性主要表现形式是，在以集中开采区域为中心的较大范围开采漏斗内，开采层和上覆含水层组中的一部分含水层被疏干。

基于上述原因，本次研究中将孔隙和压水分布区与裂隙岩溶水分布区，统一划在"淮北平原东北区"中；该区中的孔隙承压水开采及其形成的问题，以开采强度最大的宿州市最具代表性。本区孔隙承压水分布区中的各县县城生活与工业，以及部分乡镇和农村的生活用水，虽然也以孔隙承压水作为目标水源，但总体上由于开采强度不大，目前尚未出现严重的环境水文地质问题。

（1）宿州市孔隙承压水开采

宿州市以中深层孔隙水（孔隙承压水）作为供水目的层，目的层组中砂层厚度大、颗粒粗、分布较稳定。

宿州市所处地段，第四系和新近系松散孔隙层厚度近 200m，可分为上部浅层潜水含水岩组和中深部承压含水层组；两含水层组之间，一般有 40m 左右的不继续的黏性土层相隔，但在许多地方黏性土层尖灭形成"天窗"，通过这弱透水的黏性土层和"天窗"，中层承压含水层组可从浅部潜水含水层组中获得补给；在局部地段，浅、中含水层组砂层连续发育，形成巨厚的统一含水体；浅、中层孔隙水间水力联系十分密切，在开采条件下，中、浅层孔隙水实际上处于统一的地下水流系统中。

1993—2001 年，宿州市在市区 50km² 范围内，承压水年开采量基本保持在 3340 万～3900 万 m³；受开采影响，1995 年前后，在该市形成以北关一水厂、南关二水厂、东关 3 个集中开采区为中心的，3 个既独立又相互联系的地下水降落漏斗；1997 年漏斗中心最大水位埋深 28.41m，漏斗面积约为 100km²。由于浅、中层孔隙水力联系密切，在中层承压水形成漏斗的同时，浅层潜水亦相应形成了一定范围的降落漏斗，漏斗中心水位埋深 19.19m；此时中、浅层孔隙层潜水实际上处于同一含水系统中；近年来双层漏斗的水位已渐趋稳定。

（2）宿州市孔隙承压水开采引发的危害

宿州市孔隙承压水开采，已形成以北关一水厂、南关二水厂、东关 3 个集中开采区为中心的、中层孔隙承压水和浅层孔隙潜水的双层水位降落漏斗，开采区中心附近的浅层孔隙含水层组被疏干的深度为 15～25m（图 2-28）。

2.8.3 东南沿淮区地下水系统脆弱性及其主要表现

淮北平原东南沿淮区，行政区划大致包括蚌埠市五河县全境、固镇县大部，和蚌埠市怀远县及宿州市泗县县各一部分；总面积约 3811km²。

在地下水系统的赋存、补给、径流、排泄条件及其脆弱性主要表现形式上，本区的孔隙承压水系统具有以下几个特点：

（1）本区的第四系和新近系松散孔隙层比"东北区"大比"西半区"小，一般在 200～300m。

（2）按埋藏条件和水力性质，一般可分为上部浅层潜水含水层组、和中深、深承压含水层组。

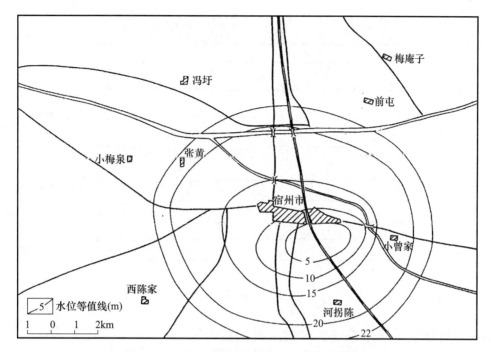

图 2-28　宿州市水源地孔隙承压水水位等值线图

（3）3 个含水层组之间水力联系密切，在开采条件下，通过之间的弱透水层和"天窗"，下伏含水层组可从上覆含水层组中获得补给。

（4）区域地表水系发育，区内浅层及中深、深层地下水开发利用程度相对较低。

（5）地下水系统存在固有脆弱性，在一些地区主要是 F^-（氟离子）超标（如沱河下游的固镇县与五河县境内，固镇县境内局部地段超标较严重），在另外一些地区主要是 Fe、Mn 超标（如蚌埠市的小蚌埠一带的局部地段超标较严重）。

淮北平原东南沿淮区总体补给条件较好，开采强度不大；目前开采比较集中的区域是在蚌埠市的小蚌埠水源地，现以该水源地的水文地质条件为例，讨论本区承压水开采及其可能产生的影响。

小蚌埠水源地的第四系厚度为 60～100m，具多层结构，自上而下可分为 4 个含水层组，主要目的层是第二和第三含水层组，该套目的层中的地下水具有承压性，与浅部潜水含水层水力联系密切，可从中获得补给（图 2-29）。

2000 年，小蚌埠水源地年开采量 451.1 万 m^3（《安徽省部分缺水城市供水源规划汇编》，安徽省水利厅水政水资源处，2000）；目前该水源地基本处于（水量）动态平衡状态。

本区承压水开采可能产生的影响主要还是与系统固有的脆弱性有关，据国内外研究表明，在类似水文地质条件的地区，即当一套多层结构的地下水系统中某一层位存在有原生水质问题，在长期开采水质较好其他层位时，有可能该水质较好层位会受到水质较差层位的污染；这已在我国一些高 F^- 区改水实践中得到了证实。

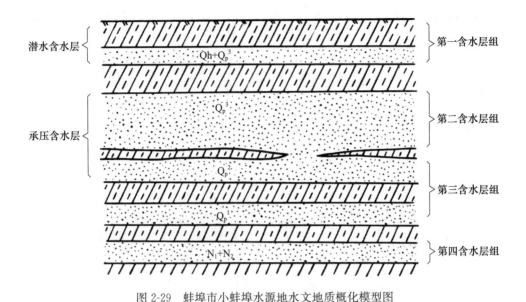

图 2-29　蚌埠市小蚌埠水源地水文地质概化模型图

2.8.4　肖砀区地下水系统脆弱性及其主要表现

淮北平原肖砀区，行政区划包括宿州市砀山县全境和萧县大部，总面积约 2500km²。

肖砀区位于淮北平原最北端，区内地表水系不甚发育，地下水开发利用程度高，其中浅层地下水开发利用程度与"西半区"的亳州市同属安徽省淮北平原最高。

与"西半区"相比，本区的水文地质条件与之相类似，承压水用户中还包含部分农、林用水。2000 年两县共开采地下水 3829 万 m³。

由于开采相对分散，只是在县城开采相对集中，中深层、深层地下水水位有所下降，目前尚未见有关产生严重环境水文地质问题的文献、报道。

2.9　地下水功能分区

2.9.1　地下水功能区划分体系

按照全国水资源综合规划地下水开发利用与保护规划《地下水功能区划分》技术大纲要求（以下简称技术大纲），地下水功能区按两级划分。

地下水一级功能区划分为开发区、保护区、保留区 3 类，在地下水一级功能区的框架内，根据地下水的主导功能，划分出 8 种地下水二级功能区，其中，开发区划分为集中式供水水源区和分散式开发利用区 2 种二级功能区，保护区划分为生态脆弱区、地质灾害易发生区和地下水水源涵养区 3 种 2 级功能区，保留区划分为不宜开采区、储备区和应急水源区 3 种二级功能区。地下水二级功能区主要协调地区之间、用水部门之间和不同地下水功能区之间的关系。地下水功能区划分体系见表 2-30。

表 2-7　地下水功能区划分体系表

地下水一级功能区		地下水二级功能区	
名称	代码	名称	代码
开发区	1	集中式供水水源区	P
		分散式开发利用区	Q
保护区	2	生态脆弱区	R
		地质灾害易发生区	S
		地下水水源涵养区	T
保留区	3	不宜开采区	U
		储备区	V
		应急水源区	W

2.9.2　地下水功能区划分条件

地下水功能区划分的主要条件包括：地下水补给条件、含水层富水性及开采条件、地下水水质状况、生态环境系统类型及其保护的目的要求、地下水开发利用状况、区域水资源配置对地下水开发利用的需求、国家对地下水资源合理开发利用及保护的总体部署等。

1. 开发区

指地下水补给、赋存和开采条件良好，地下水水质满足开发利用的要求，当前及规划期内（2030 年，下同）地下水以开发利用为主且在多年平均采补平衡条件下不会引发生态与环境恶化现象的区域。开发区应同时满足以下条件：

（1）补给条件良好，多年平均地下水可开采量模数不小于 2 万 $m^3/(a \cdot km^2)$；

（2）地下水赋存及开采条件良好，单井出水量不小于 $10m^3/h$；

（3）地下水矿化度不大于 2g/L；

（4）地下水水质能够满足相应用水户的水质要求；

（5）多年平均采补平衡条件下，一定规模的地下水开发利用不会引起生态与环境问题；

（6）现状与规划期内具有一定的开发利用规模。

按地下水开采方式，地下水资源量、开采强度、供水潜力和水质等条件，开发区划分为集中式供水水源区和分散式开发利用区两类二级功能区。

①集中式供水水源区

指现状或规划期内供给生活饮用或工业生产用水为主的地下水集中式供水水源地。满足以下条件，划分为集中式供水水源区：

地下水可开采量模数不小于 10 万 $m^3/(a \cdot km^2)$；

单井出水量不小于 $30m^3/h$；

含有生活用水的集中式供水水源区，地下水矿化度不大于 1g/L，地下水现状水质不低于《地下水质量标准》（GB/T 14848—93）规定的Ⅲ类水的标准值或经治理后水质不低于Ⅲ类水的标准值，工业生产用水的集中式供水水源区，水质符合工业生产水质要求；

现状或规划期内，日供水量不少于 1 万 m^3 的地下水集中式供水水源地。

②分散式开发利用区

指现状或规划期内以分散的方式供给农村生活、农田灌溉和小型乡镇工业用水的地下水赋存区域，地下水开采方式为分散型或者季节性开采。

开发区中除集中式供水水源区外的其余部分划分为分散式开发利用区。

2. 保护区

指区域生态与环境系统对地下水水位、水质变化和开采地下水较为敏感，地下水开采期间应始终保持地下水水位不低于其生态控制水位的区域。

保护区划分为生态脆弱区、地质灾害区、地下水水源涵养区 3 类二级功能区，对于面积较小的地下水二级功能区，在不影响地下水开发利用与保护的前提下，考虑与其他地下水功能区合并。地下水二级功能区划分主要依据如下。

（1）生态脆弱区

指有重要生态保护意义且生态对地下水变化十分敏感的区域，包括干旱半干旱地区的天然绿洲及其边缘地区、具有重要生态保护意义的湿地和自然保护区等。符合下列条件之一的区域，划分为生态脆弱区：

①国际重要湿地、国家重要湿地和有生态意义的湿地；

②国家级和省级自然保护区的核心区和缓和区；

③干旱半干旱地区天然绿洲及其边缘地区、有重要生态意义的绿洲廊道。

（2）地质灾害易发区

指地下水水位下降后，容易引起地面塌陷、地下水污染等灾害的区域。符合下列条件之一的区域，划分为地质灾害易发区：

①由于地下水开采、水位下降易发生岩溶塌陷的岩溶地下水分布区。应根据岩溶区水文地质结构和已有的岩溶塌陷范围等，合理划定易发生岩溶塌陷的区域；

②由于地下水水文地质结构特性，地下水水质极易受到污染的区域。

（3）地下水水源涵养区

指为了保持重要泉水一定的喷涌量或为了涵养水源而限制地下水开采的区域。符合下列条件之一的区域，划分为地下水水源涵养区：

①观赏性名泉或有重要生态意义泉水的泉域；

②有重要开发利用意义泉水的补给区域；

③有重要生态意义且必须保证一定的生态基流的河流或河段的滨河地区。

3. 保留区

指当前及规划期内由于水量、水质和开采条件较差，开发利用难度较大或虽然有一定的开发利用潜力但规划期内暂时不安排一定规模的开采，作为储备未来水源的区域。

保留区划分为不宜开采区、储备区、应急水源区 3 类二级功能区。对于面积较小的地下水二级功能区，在不影响地下水开发利用与保护的前提下，考虑与其他功能区合并。地下水二级功能区主要划分依据如下。

（1）不宜开采区

指由于地下水开采条件差或水质无法满足使用要求，现状或规划期内不具备开发利用条件或开发利用条件较差的区域。符合下列条件之一的区域，划分为不宜开采区：

①多年地下水可开采模数小于 2 万 $m^3/(a \cdot km^2)$；

②单井出水量小于 $10m^3/h$；

③地下水矿化度大于 $2g/L$；

④地下水中有害物质超标导致地下水使用功能区丧失的区域。

（2）储备区

指有一定的开发利用条件和开发潜力，但在当前和规划期内尚无较大的规模开发利用活动的区域。符合下列条件之 的区域，划分为储备区：

①地下水赋存和开采条件较好，当前及规划期内人类活动很少、尚无或仅有小规模地下水开采的区域；

②地下水赋存和开采条件较好，当前及规划期内，当地地表水能够满足用水的需求，无须开采地下水的区域。

（3）应急水源区

指地下水赋存、开采及水质条件较好，一般情况下禁止开采，仅在突发事件或特殊干旱时期应急供水的区域。

按全国地下水功能区区划体系与划分要求，根据安徽省地下水补给条件、含水层富水性及开采条件、地下水水质状况、生态环境系统类型及其保护的目标要求、地下水开发利用现状等，淮北地区浅层地下水水源共划分为开发区、保护区、保留区 3 个一级功能区类型和分散式开发利用区等 6 个二级功能区类型；共有二级功能区 45 个，其中集中式供水水源区 9 个，分散式开发利用区 11 个，生态脆弱区 5 个，地质灾害易发区 13 个，地下水水源涵养区 6 个，不宜开发区 1 个。

2.9.3 地下水功能分区

1. 开发区—分散式开发利用区

（1）沂沭泗区宿州市砀山黄河故道北分散式开发利用区（E0434221Q03）

位于宿州市砀山县沂沭泗水系黄河故道以北，一般平原区，面积 $200km^2$，孔隙水，矿化度小于 $2g/L$，微咸，化学水类型为 HCO_3—$Ca \cdot Mg$，多年平均补给模数为 16.3 万 $m^3/(a \cdot km^2)$，地下水埋深 5~8m，单井涌水量 10~30m^3/h，现状水质为 IV~V 类，主要是总硬度、氟化物、矿化度、氯化物等超标。可开采模数为 11.0 万 $m^3/(a \cdot km^2)$，实际开采模数为 3.79 万 $m^3/(a \cdot km^2)$，目前未超采。

（2）淮河上游区阜阳市分散式开发利用区（E0134121Q47）

为阜阳市淮河上游区域（含阜南县西部和临泉县西南部），一般平原区，面积 $370km^2$，孔隙水，矿化度小于 $1.0g/L$，化学水类型为 HCO_3—Ca，多年平均补给模数为 17.3 万 $m^3/(a \cdot km^2)$，可开采模数为 12.8 万 $m^3/(a \cdot km^2)$，单井涌水量 10~30m^3/h，地下水埋深 2m，现状水质为 III 类，实际开采模数为 4.65 万 $m^3/(a \cdot km^2)$，目前未超采，主要用途为农业灌溉、居民生活和工业用水。

（3）淮河中游宿州市砀山萧县分散式开发利用区（E0234221Q04）

位于宿州市砀山县黄河故道以南及萧县北部，一般平原区，面积 $1486.4km^2$，孔隙水，矿化度小于 $2g/L$，多年平均补给模数为 13.2 万~19.0 万 $m^3/(a \cdot km^2)$，可开采模数为 9.2 万～13.3 万 $m^3/(a \cdot km^2)$，单井涌水量 10～50m^3/h，实际开采模数为 4.2 万 $m^3/(a \cdot km^2)$，化学水类型为 HCO_3—$Ca \cdot Na$，主要用途为农业灌溉和生活，目前未超采。现状水质为Ⅳ～Ⅴ类，主要是总硬度、氟化物超标。

（4）淮河中游宿州市萧县白土镇分散式开发利用区（E0234221Q05）

位于宿州市萧县东南白土、官桥、永堌和庄里等乡镇的山间平原，一般平原区，面积 66.8km²，孔隙水，矿化度小于 2g/L，多年平均补给模数为 23.3 万 $m^3/(a \cdot km^2)$，可开采模数为 16.3 万 $m^3/(a \cdot km^2)$，单井涌水量 10～30m^3/h，地下水埋深 4.0m，化学水类型为 HCO_3—$Ca \cdot Mg$，实际开采模数为 4.4 万 $m^3/(a \cdot km^2)$，目前未超采，主要用途为农业灌溉和居民生活用水。现状水质为Ⅳ类，主要是总硬度、氟化物超标。

（5）淮河中游宿州市埇桥灵璧泗县分散式开发利用区（E0234221Q06）

位于宿州市埇桥区、灵璧县及泗县，一般平原区，面积 4166km²，孔隙水，矿化度小于 2g/L，多年平均补给模数为 17.2 万～22.4 万 $m^3/(a \cdot km^2)$，可开采模数为 10.7 万～13.6 万 $m^3/(a \cdot km^2)$，单井涌水量 10～50m^3/h，地下水埋深 3m，实际开采模数为 3 万 $m^3/(a \cdot km^2)$，化学水类型为 HCO_3—$Ca \cdot Mg$，主要用途为农业灌溉、居民生活用水，部分用于工业，目前未超采。现状水质为Ⅳ类，主要是总硬度、氟化物超标。

（6）淮河中游淮北市分散开采区（E0234061Q01）

位于淮北市一般平原区，除集中开采区和地质灾害易发区以外的所有范围，面积 2070km²，孔隙水，矿化度小于 2g/L，地下水埋深 3.3m，多年平均补给模数为 18.9 万 $m^3/(a \cdot km^2)$，可开采模数为 12.6 万 $m^3/(a \cdot km^2)$，实际开采模数为 4.0 万 $m^3/(a \cdot km^2)$，化学水类型为 HCO_3—$Ca \cdot Na$，目前未超采，主要用途为农村生活、工业用水、农业灌溉。现状水质为Ⅳ类，主要是总硬度、氟化物超标。

（7）淮河中游淮北市段圆镇分散式开发利用区（E0234061Q02）

位于淮北市段圆镇山间平原，面积 43.2km²，孔隙水，矿化度小于 2g/L，多年平均补给模数为 23.3 万 $m^3/(a \cdot km^2)$，可开采模数为 16.3 万 $m^3/(a \cdot km^2)$，单井涌水量 10～30m^3/h，地下水埋深 4.0m，实际开采模数为 4.5 万 $m^3/(a \cdot km^2)$，化学水类型为 HCO_3—$Ca \cdot Mg$，目前未超采，主要用途为农业灌溉和居民生活用水。现状水质为Ⅲ类。

（8）淮河中游亳州市分散式开发利用区分散开发区（E0234161Q07）

为亳州市南郊三水厂集中开采区和沿涡河地质灾害易发区以外区域，一般平原区，面积 7311km²，孔隙水，矿化度 0.2～1.0g/L，化学水类型为 HCO_3—Ca，多年平均补给模数为 17.3 万 $m^3/(a \cdot km^2)$，可开采模数为 10.7 万 $m^3/(a \cdot km^2)$，单井涌水量 10～30m^3/h，地下水埋深 2.68m，现状水质为Ⅲ～Ⅴ类，主要是总硬度、氟化物、溶解性总固体超标，实际开采模数为 4.96 万 $m^3/(a \cdot km^2)$，目前未超采，主要用途为农业灌溉、居民生活和工业用水。

（9）淮河中游阜阳市分散式开发利用区（E0234121Q08）

为阜阳市除阜阳城区地质灾害易发区和沿颍河地质灾害易发区和颍上八里河生态脆弱区外的剩余区域，一般平原区，面积 6613km²，孔隙水，矿化度小于 1.0g/L，化学水类型为 HCO_3—Ca，多年平均补给模数为 17.3 万 $m^3/(a \cdot km^2)$，可开采模数为 11.6 万 $m^3/(a \cdot km^2)$，单井涌水量 10～30m^3/h，地下水埋深 2.06m，现状水质为Ⅲ～Ⅳ类，实际开采模数为 4.65 万 $m^3/(a \cdot km^2)$，目前未超采，主要用途为农业灌溉、居民生活和工业用水。

（10）淮河中游淮南市淮河以北分散式开发利用区（E0234041Q09）

为淮南市淮河以北区域，一般平原区，面积 1903km^2，孔隙水，矿化度小于 1.0g/L，化学水类型为 HCO_3—Ca，多年平均补给模数为 17.3 万 $m^3/(a \cdot km^2)$，可开采模数为 11.6 万 $m^3/(a \cdot km^2)$，单井涌水量大于 30m^3/h，地下水埋深 1.22m，现状水质为Ⅲ～Ⅴ类，实际开采模数为 3.63 万 $m^3/(a \cdot km^2)$，目前未超采，主要用途为农业灌溉、居民生活和工业用水。

（11）淮河中游蚌埠市淮河以北分散式开发利用区（E0234031Q10）

包括蚌埠市淮河以北除沱湖生态脆弱区和地质灾害易发区外的所有区域，一般平原区，面积 3435km^2，地下水类型是孔隙水，矿化度≤1.0g/L，水化学类型以 HCO_3—Ca 为主。现状水质为Ⅲ～Ⅴ类，多年平均补给模数为 17.4 万 $m^3/(a \cdot km^2)$，可开采模数为 10.8 万 $m^3/(a \cdot km^2)$，实际开采模数为 6.4 万 $m^3/(a \cdot km^2)$，主要用于工业、生活，目前未超采。

2. 开发区—集中式供水水源区

（1）淮河中游淮北市刘桥集中供水水源区（E0234061P01）

位于淮北市刘桥集镇，为刘桥集镇浅层地下水集中供水水源地，一般平原区，面积 8km^2，孔隙水，矿化度小于 2g/L，化学类型为 HCO_3—Ca·Na，多年平均补给模数为 18.9 万 $m^3/(a \cdot km^2)$，可开采模数为 12.6 万 $m^3/(a \cdot km^2)$，实际开采模数为 19.4 万 $m^3/(a \cdot km^2)$，目前已超采，主要用于居民生活、工业。现状水质为Ⅳ类，主要是总硬度、氟化物超标。

（2）淮河中游淮北市铁佛乡集中供水水源区（E0234061P02）

位于淮北市铁佛乡，规划为铁佛乡浅层地下水集中供水水源地，一般平原区，面积 4km^2，孔隙水，矿化度小于 2g/L，化学类型为 HCO_3—Cl·Na，多年平均补给模数为 18.9 万 $m^3/(a \cdot km^2)$，可开采模数为 12.6 万 $m^3/(a \cdot km^2)$，实际开采模数为 15.0 万 $m^3/(a \cdot km^2)$，目前已超采，主要用于居民生活、工业。现状水质为Ⅳ类，主要是总硬度、氟化物超标。

（3）淮河中游淮北市濉溪百善矿集中供水水源区（E0234061P03）

位于淮北市濉溪县百善矿区，为百善矿区浅层地下水集中供水水源地，一般平原区，面积 4km^2，孔隙水，矿化度小于 2g/L，化学类型为 HCO_3—Mg，多年平均补给模数为 18.9 万 $m^3/(a \cdot km^2)$，可开采模数为 12.6 万 $m^3/(a \cdot km^2)$，实际开采模数为 12.5 万 $m^3/(a \cdot km^2)$，目前尚未超采，主要用于居民生活、工业。现状水质为Ⅳ类，主要是总硬度、氟化物超标。

（4）淮河中游淮北市濉溪县韩村镇祁集—韩村—童亭矿集中供水水源区（E0234061P04）

位于淮北市濉溪县韩村镇祁集—韩村—童亭矿区，为百善矿区浅层地下水集中供水水源地，一般平原区，面积 20km^2，孔隙水，矿化度小于 2g/L，化学类型为 HCO_3—Mg，多年平均补给模数为 18.9 万 $m^3/(a \cdot km^2)$，可开采模数为 12.6 万 $m^3/(a \cdot km^2)$，实际开采模数为 16.5 万 $m^3/(a \cdot km^2)$，目前已超采，主要用于居民生活、工业。现状水质为Ⅳ类，主要是总硬度、氟化物超标。

（5）淮河中游淮北市孙町镇集中供水水源区（E0234061P05）

位于淮北市孙町镇，为该镇浅层地下水集中供水水源地，一般平原区，面积 4km²，孔隙水，矿化度小于 2g/L，化学类型为 $HCO_3—Mg$，多年平均补给模数为 18.9 万 m³/（a·km²），可开采模数为 12.6 万 m³/（a·km²），实际开采模数为 12.6 万 m³/（a·km²），尚未超采，主要用于居民生活、工业。现状水质为Ⅳ类，主要是总硬度、氟化物超标。

（6）淮河中游淮北市濉溪任楼镇矿集中供水水源区（E0234061P06）

位于淮北市濉溪县任楼镇矿区，为该矿区浅层地下水集中供水水源地，一般平原区，面积 4km²，孔隙水，矿化度小于 2g/L，化学类型为 $HCO_3—Mg$，多年平均补给模数为 18.9 万 m³/（a·km²），可开采模数为 12.6 万 m³/（a·km²），实际开采模数为 17.1 万 m³/（a·km²），已超采，主要用于居民生活、工业。现状水质为Ⅳ类，主要是总硬度、氟化物超标。

（7）淮河中游亳州市南郊集中式供水水源区（E0234161P07）

为亳州市第三水厂取水区，位于亳州市城区南郊，沿亳太路两侧（约 2.5km）向南至十河铺南北长约 15km，面积 67.44km²。孔隙水，矿化度小于 2g/L，化学类型为 $HCO_3—Ca$，多年平均补给模数为 17.3 万 m³/（a·km²），可开采模数为 10.7 万 m³/（a·km²），实际开采模数为 5.4 万 m³/（a·km²），未超采，主要用于居民生活、工业。现状水质为Ⅲ～Ⅴ类，主要是总硬度、氟化物、溶解性总固体超标。

（8）淮河中游蚌埠市怀远县集中式供水水源区（E0234031P08）

位于蚌埠市怀远县城，面积 8.0km²，地下水类型是孔隙水，矿化度小于 1.0g/L，水化学类型以 $HCO_3—Ca$ 为主。多年平均补给模数为 17.4 万 m³/（a·km²），可开采模数为 10.8 万 m³/（a·km²），实际开采模数为 28.8 万 m³/（a·km²），主要用途为工农业生产用水，目前已超采。现状水质为Ⅲ～Ⅴ类。

（9）淮河中游蚌埠市淮上区集中式供水水源区（E0234031p09）

位于蚌埠市淮上区小蚌埠镇，面积 12.0km²，地下水类型是孔隙水，矿化度小于 1.0g/L，水化学类型以 $HCO_3—Cl·Ca·Mg$ 为主。多年平均补给模数为 17.4 万 m³/（a·km²），可开采模数为 10.8 万 m³/（a·km²），实际开采模数为 16.7 万 m³/（a·km²），主要用途为工农业生产用水，目前已超采。现状水质为Ⅲ～Ⅴ类。

3. 保护区—生态脆弱区

（1）沂沭泗宿州砀山酥梨种质资源地生态脆弱区（E0434222R02）

位于宿州市砀山县酥梨种质资源自然保护区（沂泗沭水系），一般平原，面积 100km²，地下水埋深 5～8m，单井涌水量 10～30m³/h；年均总补给模数 16.3 万 m³/（a·km²），可开采模数 11.0 万 m³/（a·km²），实际开采模数 1.1 万 m³/（a·km²），实际开采量 110 万 m³，主要用途为农业灌溉和居民生活，目前未超采。现状水质Ⅳ类水，主要是总硬度、氟化物超标，矿化度 <2g/L，微咸，水化学类型 $HCO_3—Ca·Mg$。

（2）淮河中游宿州砀山酥梨种质资源地生态脆弱区（E0234222R01）

位于宿州市砀山县酥梨种质资源自然保护区（淮河流域），一般平原，面积 288km²，年均总补给模数 16.3 万 m³/（a·km²），可开采模数 11.4 万 m³/（a·km²），实际开采模数 1.1 万 m³/（a·km²），单井涌水量 10～30m³/h。地下水埋深 4.0m，Ⅳ类水，主要是总硬度、氟化物超标，矿化度<2g/L，水化学类型 HCO_3—$Ca \cdot Mg$。主要用途为农业灌溉和居民生活。现状年开采量 310 万 m^3，目前未超采。

(3) 淮河中游阜阳市颍上八里河生态脆弱区（E0234122R04）

位于阜阳市颍上县南部的八里河镇八里河风景区，面积 16.6km²，年均总补给模数 17.3 万 $m^3/(a \cdot km^2)$，可开采模数 11.6 万 $m^3/(a \cdot km^2)$，实际开采模数为 3.75 万 $m^3/(a \cdot km^2)$。地下水埋深 2.0m，现状水质为Ⅲ类，矿化度<1g/L，水化学类型 HCO_3—$Ca \cdot Na$。主要用途为农业灌溉和居民生活，目前未超采。

(4) 淮河中游蚌埠五河县沱湖湿地地下水生态脆弱区（E0234032R05）

位于蚌埠市五河县西北部沱湖省级自然保护区，以沱湖水域为主体，包括岸边堤坝的防护带，主要分布在沱湖乡境内，面积 185km²，地下水类型是孔隙水，矿化度小于 1.0g/L，水化学类型以 HCO_3—Ca 为主。多年平均补给模数为 17.4 万 $m^3/(a \cdot km^2)$，可开采模数为 11.2 万 $m^3/(a \cdot km^2)$，实开采模数为 2.8 万 $m^3/(a \cdot km^2)$，主要用途为工农业和居民生活。地下水埋深 1.6m，目前未开采。现状水质为Ⅲ～Ⅴ类，主要是总硬度超标。

(5) 萧县皇藏峪生态脆弱区（E0234222R03）

萧县皇藏峪生态脆弱区，基于皇藏峪国家森林公园自然保护区而划定。皇藏峪森林公园位于萧县东南边，距萧县县城 26km，地理坐标为东经 117°03′～117°06′，北纬 34°～34°06′之间，总面积 22.76km²，1982 年被安徽省人民政府批准为暖温带落叶阔叶林森林生态自然保护区，1987 年批准为安徽省风景名胜区，1992 年被林业部批准建立皇藏峪国家森林公园。皇藏峪山区一般山峰高度在 100～300m 之间，为平顶山，海拔 389m，为最高峰。山体多为寒武纪和奥陶纪的石灰岩组成，上部陡峭，中下部平缓。地貌为岛状残丘，属喀斯特地形的石灰岩山地，多溶洞、流泉和山石景观，富水程度一般为 30～50m³/h，埋深 10m，矿化度<1g/L，Ⅲ类水质，水化学类型 HCO_3—$Ca \cdot Mg$，补给量模数 21.6 万 $m^3/(a \cdot km^2)$，平均可开采模数 16.3m³/(a \cdot km²)，实际开采模数 1.3m³/(a \cdot km²)，实际开采量 30 万 m^3，用于生活。

4. 保护区—地质灾害易发生区

(1) 淮河中游淮北市相山濉溪岩溶水源地双层漏斗区（E0234062S01）

由于淮北市相山—濉溪水源地岩溶水超采，形成岩溶水和浅层地下水双层降落漏斗，因此把相山Ｌ濉溪水源地划为地质灾害易发区，面积约 90km²，补给模数 23.3m³/(a \cdot km²)，可开采模数 16.3m³/(a \cdot km²)，孔隙水现状开采模数为 2.5 万 $m^3/(a \cdot km^2)$，地下水埋深 2.0m，水化学类型为 HCO_3—Ca，现状水质类别为Ⅳ类水，主要是总硬度、氟化物、溶解性总固体超标，主要用途为农村生活、一般工业用水。

(2) 淮河中游淮北沿肖濉新河两岸地质灾害易发区（E0234062S02、E0234222S03、E0234222S04）

由于肖濉新河黄桥闸下段沿岸污染严重，因此把肖濉新河沿岸划为地质灾害易发区，范围为：黄桥闸以下至符离集闸上 25km，支流龙岱河淮北市境内长度 50km，合计长 75km，沿河两岸影响范围各取 3km，面积约 380km²；老岱河、岱河上段、岱河口至贾窝闸共 50km，龙河从龙湖至县界 28km，两岸影响范围 2.5km，面积约 380km²；濉埇河县界至河口 17km，两岸影响范围 2.5km，面积约 85km²。影响范围共 855km²（之间存在交叉）。平均补给模数 23.3m³/(a·km²)，平均可开采模数 16.3m³/(a·km²)，现状开采模数为 3.0 万 m³/(a·km²)，孔隙水，水化学类型为 HCO_3—Ca，地下水埋深 3.0m，水质为Ⅳ～Ⅴ类水，主要是氨氮、氟化物、高锰酸盐指数、总硬度超标，主要用途为农业灌溉。

（3）淮河中游宿州沿利民河两岸地质灾害易发区（E0234222S05）

利民河两岸地质灾害易发区，基于砀山县城区工业和居民生活污水排入利民河，下游固口闸枯期长期关闸蓄水，造成沿岸浅层地下水水质污染而划定，面积 155km²。划定范围按沿河 2.5km 宽度，河长从砀山县城至固口闸 31km 来确定。该区年均总补给模数 16.6 万～17.0 万 m³/(a·km²)，可开采模数 11.6 万～11.9 万 m³/(a·km²)，单井涌水量 10～30m³/h。现状年开采量 585 万 m³，地下水埋深 2.5m，矿化度＜2g/L，水化学类型为 HCO_3—$Ca·Mg$，近河地下井氨氮 0.33mg/L，Ⅳ类水，主要是氨氮、氟化物、高锰酸盐指数、总硬度超标。主要用途为工业用水、农业灌溉和居民生活。

（4）淮河中游宿州沿奎濉河两岸地质灾害易发区（E0234222S06）

奎濉河两岸地质灾害易发区，基于江苏徐州城区工业和居民生活污水排入奎濉河，造成沿岸地下水质严重污染而划定，面积 774km²。划定范围：长度从奎河进入安徽省界计至新濉河枯河闸共 129km，沿岸影响平均按 3.0km 计算。该区年均总补给模数 17.2 万～19.2 万 m³/(a·km²)，可开采模数 10.7 万～13.5 万 m³/(a·km²)，单井涌水量 10～90m³/h。现状年开采量 1710 万 m³，开采模数为 2.5 万 m³/(a·km²)，地下水埋深 2.5m，矿化度＜2g/L，水化学类型为 HCO_3—$Ca·Mg$，近河浅层地下水污染严重，Ⅳ～Ⅴ类水质，主要污染物为总硬度、氟化物。主要用途为农业灌溉和居民生活，少量用于工业。

（5）淮河中游宿州沿新汴河两岸地质灾害易发区（E0234222S07）

新汴河两岸地质灾害易发区，主要基于上游濉河和新沱河污水最终经过新汴河下泄，造成沿岸地下水质污染而划定，同时包括了唐河、石梁河两岸受污水影响的区域，面积 655km²。该区范围的划定：沱河进水闸至灵西闸 61km，两岸影响范围均按 2.5km 计算，面积 305km²；灵西闸至省界 45km，南北岸影响范围分别按 2.5km 和 3km 计算，面积 248km²；唐河地下涵至草沟 18m，两岸影响范围均按 2.0km 计算，除去与新汴河重合部分，面积 62km²；石梁河地下涵至市界，除去与新汴河重合部分，面积 40km²。该区年均总补给模数 17.2 万～22.4 万 m³/(a·km²)，可开采模数 11.2 万～15.0 万 m³/(a·km²)，单井涌水量 10～90m³/h。现状年开采模数为 2.5 万 m³/(a·km²)，地下水埋深 2.5m，矿化度＜2g/L，水化学类型为 HCO_3—$Ca·Mg$，Ⅳ～Ⅴ类水质，主要污染物为总硬度、氟化物。主要用途为农业灌溉、居民生活和工业。

（6）淮河中游宿州沿新北沱河两岸地质灾害易发区（E0234222S08）

新北沱河两岸地质灾害易发区，基于宿州市皖北制药和诚信化工两家企业工业污水沿河流下泄，造成沿岸地下水水质污染而划定。该区范围的划定为从小黄河跃进闸至樊集长度 96.9km，两岸影响范围均按 2.5km 计算，面积为 485km²。该区年均总补给模数 17.2 万～22.4 万 m³/(a·km²)，可开采模数 11.2 万～15.0 万 m³/(a·km²)，单井涌水量 10～90m³/h。现状年开采模数 2.2 万 m³/(a·km²)，地下水埋深 2.5m，矿化度＜2g/L，水化学类型为 HCO_3—$Ca·Mg$，Ⅳ～Ⅴ类水质，主要污染物为总硬度、氟化物。主要用途为农业灌溉、居民生活，少量用于工业。

(7) 淮河中游宿州、蚌埠沿沱河两岸地质灾害易发区（E0234222S09、E0234032S15）

沱河（下段）两岸地质灾害易发区，基于宿州市部分生活和工业污水沿河流下泄，造成沿岸地下水质污染而划定。该区面积 460km²，跨宿州、蚌埠两个地级行政区，两市面积分别为 165km² 和 295km²。该区范围的划定为从宿东沱河闸至樊集长度 92.0km，两岸影响范围均按 2.5km 计算，面积 460km²。该区年均总补给模数 17.2 万～22.4 万 m³/(a·km²)，可开采模数 11.2 万～15.0 万 m³/(a·km²)，单井涌水量 10～90m³/h。现状年开采量 990 万 m³，其中宿州开采量 635m³，蚌埠开采量 355m³，现状年开采模数 2.2 万 m³/(a·km²)，地下水埋深 1.5m，矿化度＜2g/L，水化学类型为 HCO₃—Ca·Mg，Ⅳ～Ⅴ类水质，主要污染物为总硬度、氟化物。主要用途为农业灌溉、居民生活，少量用于工业。

(8) 淮河中游宿州沿运粮河两岸地质灾害易发区（E0234222S10）

运粮河两岸地质灾害易发区，基于宿州市大部分生活和工业污水沿运粮河下泄，造成沿岸地下水质污染而划定。运粮河是浍河支流，发源宿州城区，在蕲县闸上汇入浍河，全长 18.4km。河道污水对两岸影响范围均按 2.5km 计算，区划面积 92km²。该区年均总补给模数 17.2 万～22.4 万 m³/(a·km²)，可开采模数 11.2 万～15.0 万 m³/(a·km²)，单井涌水量 10～90m³/h。现状年开采量 20 万 m³，开采模数 2.2 万 m³/(a·km²)，地下水埋深 2.5m，矿化度＜2g/L，水化学类型为 HCO₃—Ca·Mg，Ⅳ类水质，主要是总硬度、氟化物超标。主要用途为农业灌溉、居民生活，少量用于工业。

(9) 淮河中游亳州蚌埠涡河沿岸地质灾害易发区（E0234162S11、E0234032S16）

由于涡河污染严重，地下水开采、水位下降后，污染的地表水入侵，地下水水质极易受到污染。范围为涡河自省界至怀远入淮处，及其支流阜蒙河自利辛至蒙城闸上，合计长 243km（亳州市内 166km，蚌埠市内 77km），沿河两岸各 3km，面积约 1458km²（亳州市内 996km²，蚌埠市内 462km²）。年均补给模数为 17.4 万 m³/(a·km²)，可开采模数 10.7 万 m³/(a·km²)，现状年开采模数为 4.45 万 m³/(a·km²)。地下水埋深 2.68m，矿化度＜1g/L，水化学类型为 HCO₃—Ca，Ⅲ～Ⅴ类水质，主要污染物为总硬度、氟化物。主要用途为农业灌溉、居民生活，少量用于工业。

(10) 淮河中游阜阳市城区地质灾害易发区（E0234122S12）

由于颍河污染阜阳城区居民生活使用的地下水，现状城区年生活用水为 3634 万 m³，因过度开采引起阜阳城以阜阳闸为中心产生地面下沉，目前最大沉降量为 1500mm 以上，沉降约为半径 10km，面积约为 1256km²。年均补给模数为 17.4 万 m³/(a·km²)，可开采模数 11.6 万 m³/(a·km²)，现状年开采模数为 8.5 万 m³/(a·km²)。地下水埋深 2.1m，矿化度＜1g/L，水化学类型为 HCO₃—Ca，Ⅲ～Ⅴ类水质，主要是总硬度、氟化物、矿化度超标。主要用途为农业灌溉、居民生活，少量用于工业。

(11) 淮河中游阜阳市颍河沿岸地质灾害易发区（E0234122S13）

由于近年来颍河污染严重，把颍河划为地质灾害易发区，范围为颍河自省界界首至正阳关入淮处，泉河自省界临泉上至阜阳闸上入颍处，合计长 266km，沿河两岸各 3km，面积约 1596km²。年均补给模数为 17.4 万 m³/(a·km²)，可开采模数 11.6 万 m³/(a·km²)，现状年开采模数为 3.7 万 m³/(a·km²)。地下水埋深 2.1m，矿化度＜

1g/L，水化学类型为 HCO_3—Ca，Ⅲ～Ⅴ类水质，主要是总硬度、氟化物、矿化度超标。主要用途为农业灌溉、居民生活，少量用于工业。

(12) 淮河中游蚌埠市淮河以北地质灾害易发区（E0234032S14）

范围包括蚌埠市淮河以北固镇、怀远县部分区域，浅层地下水水质污染严重。面积 900km²，地下水类型是孔隙水，矿化度小于 1.0g/L，水化学类型以 HCO_3—Ca 为主。多年平均补给模数为 17.4 万 $m^3/(a \cdot km^2)$，可开采模数为 10.8 万 $m^3/(a \cdot km^2)$，实际开采模数为 4.4 万 $m^3/(a \cdot km^2)$，目前未超采，但地下水水质受到污染。现状水质为Ⅲ～Ⅴ类，主要为总硬度、氨氮、亚硝酸盐氮、矿化度超标。主要用途为农业灌溉、居民生活，少量用于工业。

(13) 淮河中游区蚌埠市（淮河以南）地质灾害易发区（E0234032S17）

水质污染区，地下水类型为松散岩孔隙水，单孔涌水量大于 30t/h，面积 391km²，埋深 2～3m，矿化度小于 1g/L，水质类别Ⅲ～Ⅴ类，主要是总硬度、铁、锰超标，年补给量模数 5 万 $m^3/(a \cdot km^2)$，年均可开采模数 2.2$m^3/(a \cdot km^2)$，未开采，水化学类型 $HCO_3 \cdot Cl$—Ca，主要用于生活。

5. 保护区—地下水水源涵养区

(1) 淮河中游淮北宿州地下水水源涵养区（E0234222T01、E0234222T03）

位于宿州市萧县西南部山区，面积 130km²，跨宿州、淮北两个地级行政区，其中宿州境内面积 94km²，淮北境内面积 36km²。该区上石炭统出露于淮北相山南端及萧县西南部，构成向斜翼部，由灰岩、粉砂岩夹煤层组成。地下水承压，岩溶水，静水位埋深小于 5m，局部 28～31m，矿化度≤2g/L，水化学类型 HCO_3—Ca，现状水质为Ⅲ～Ⅴ类，主要是总硬度、氟化物、溶解性总固体超标。单孔涌水量大于 50m^3/h。由于该区居民稀少，没有工业，不适宜农作物生长，现状年没有开采量。

(2) 淮河中游淮北龙脊山地下水水源涵养区（E0234062T02、E0234222T04）

位于宿州北部、淮北东部及萧县东南部山区，面积 486km²，其中宿州境内面积 424km²，淮北境内面积 62km²。该区碳酸盐岩夹碎屑岩含水岩由下寒武统构成。下寒武统出露于宿州北。一般组成褶皱核部，由灰岩夹页岩组成。岩溶水，静水位埋藏较深，局部达 20m。单孔涌水量 5～10m^3/h。矿化度≤2g/L，水化学类型 HCO_3—Ca，现状水质为Ⅳ类，主要是总硬度、氟化物、溶解性总固体超标。由于该区居民稀少，没有工业，不适宜农作物生长，现状年没有开采量。

(3) 淮河中游宿州青铜山地下水水源涵养区（E0234222T05）

位于宿州市埇桥区东北部，面积 50km²。青铜山由白云岩和灰岩夹少量砂页岩组成。岩溶发育深度小于 100m。地下水承压，静水位埋深在覆盖区较浅，一般 3～5m，基岩区较深且多变。含水极不均一，常见单孔涌水量大于 50m^3/h。由于该区居民稀少，没有工业，不适宜农作物生长，现状年没有开采量。矿化度≤2g/L，水化学类型 HCO_3—$Ca \cdot Na$，现状水质为Ⅲ类。

(4) 淮河中游宿州九顶山地下水水源涵养区（E0234222T06）

位于宿州市灵璧县东北部，面积 47km²。九顶山由白云岩和灰岩夹少量砂页岩组成。岩溶发育深度小于 100m。地下水承压，静水位埋深在覆盖区较浅，一般 3～5m，基岩区较深且多变。含水极不均一，常见单孔涌水量大于 50m^3/h。由于该区居民稀少，没有工业，不适宜农作物生长，现状年没有开采量。矿化度≤2g/L，水化学类型 HCO_3—Ca·Mg，现状水质为Ⅲ类。

（5）淮河中游区淮南市地下水水源涵养区（E0234042T07）

位于淮南市淮河以南山丘区，地下水类型为松散岩孔隙水，单孔涌水量大于30t/h，面积669km²，埋深2～3m，矿化度小于1g/L，水质类别Ⅲ～Ⅴ类，年补给量模数5.4万 m³/(a·km²)，年均可开采模数2.7m³/(a·km²)，未开采，水化学类型 HCO_3—Ca。

（6）淮河中游区蚌埠市（淮河以南）地下水水源涵养区（E0234032T08）

位于蚌埠市淮河以南山丘区，地下水类型为松散岩孔隙水，单孔涌水量大于30t/h，面积454km²，埋深2m，矿化度小于1g/L，水质类别Ⅲ～Ⅴ类，年补给量模数4.9万 m³/(a·km²)，年均可开采模数2.49m³/(a·km²)，未开采，水化学类型 Cl—Ca。

6. 保留区—不宜开采区

淮河中游区淮南市城区不宜开采区（E0234043U01）

淮南市城区不宜开采区，地下水类型碎屑岩裂隙水，单孔涌水量小于5t/h，面积37km²，埋深2m，矿化度小于1g/L，水质类别Ⅲ类，年补给量模数11.2万 m³/(a·km²)，年均可开采模数5.6m³/(a·km²)，未开采，水化学类型 HCO_3—Ca。

3 淮北地区地下水动态时空演化及归因解析

淮北地区现有监测井 939 眼，其中水利监测井 569 眼，自然资源监测井 370 眼。根据研究需要选择监测井 614 眼，其中水利监测井 565 眼，自然资源监测井 49 眼。水利监测井中，深层承压水监测井 23 眼，其他全部为浅层地下水监测井。基于不同层位孔隙水及岩溶水含水岩组 1974—2020 年长系列观测数据，剖析了浅层孔隙水、深层孔隙水和裂隙岩溶水水位动态演化特征。

3.1 浅层一含孔隙水水动态变化特征及归因分析

3.1.1 地下水监测井分布

浅层地下水监测井选择以安徽省历年地下水水位监测资料和相关研究成果、统计资料为基础。筛选出资料系列相对完整的浅层地下水监测井共 363 眼，主要分布于淮北平原区，观测系列普遍较长，代表性良好；分布于各城市市区及其周边，基本能监控主要城市浅层地下水近年动态（图 3-1）。

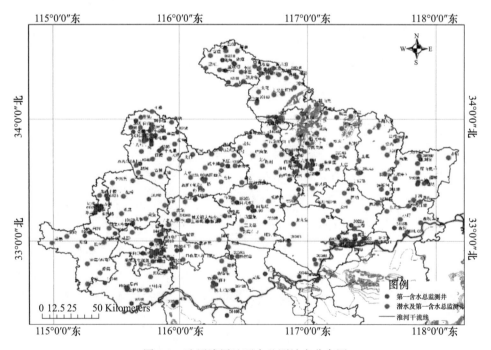

图 3-1　选用浅层地下水监测站点分布图

地下水流向、坡度主要受地形与河网分布影响。以平水年为代表，统计淮北地区地下水水位等值线可以看出（图3-2），浅层地下水流向基本上与颍河、涡河等地表河流平行，自西北向东南流向。在等水位线密集的区域，地下水水力坡度大，等水位线稀疏的区域地下水水力坡度小，由图可见淮北地区水力坡度总体上自西北向东南逐步减小。

图 3-2　安徽淮北地区平水年份地下水水位平均值等值线分布图

3.1.2　浅层地下水埋深空间分布特征分析

1. 多年平均地下水埋深分布特征

多年平均浅层地下水埋深是反映淮北地区浅层地下水资源量及可开采量的一个重要指标。经统计，安徽淮北地区浅层地下水多年平均埋深值为2.48m，69％站点多年平均地下水埋深处在1.50～3.00m之间，92％站点多年平均地下水埋深处在1.00～4.00m之间。平均埋深小于1m的站点有2个，均位于淮南市凤台县；埋深超过4m的站点占10个，分别位于宿州市、亳州市和阜阳市；埋深多年平均最大值为5.76m，发生于宿州市褚兰镇褚兰站。

2. 浅层地下水分区演变特征

为掌握淮北地区浅层地下水埋深变化情况，便于对比叙述，特划分为东、西、南、北、中5个亚区，对各区地下水埋深特征进行分析（表3-1）。

表 3-1 淮北地区典型区域浅层地下水埋深特征　　　　　　　单位：m

区域	县域	最浅埋深	平均埋深	最深埋深	变幅
东部	泗县	0.6	2.03	4.09	3.49
	灵璧	0.3	2.42	5.18	4.88
	五河	0.01	1.71	4.61	4.6
	固镇	0.13	1.83	5.29	5.16
南部	颍上	0.22	1.49	3.44	3.22
	凤台	0.22	0.95	2.56	2.34
	怀远	0.1	2.05	5.27	5.17
西部	临泉	0.19	2.27	4.5	4.31
	阜南	0.25	1.91	4.12	3.87
	阜阳市	0	1.66	4.57	4.57
	界首	0	2.66	6.07	6.07
	太和	0	2.31	7.29	7.29
	利辛	0.17	2.01	4.26	4.09
北部	砀山	1.65	5.49	8.83	7.18
	萧县	0.15	3.15	6.9	6.75
	宿州市	0.33	3.75	8.13	7.8
	埇桥区	0	2.21	11.93	11.93
	淮北市	0.53	1.8	3.1	2.57
	濉溪县	0	2.43	8.09	8.09
	涡阳	0	2.24	7.34	7.34
	亳州市	0.01	2.7	11.95	11.94
中部	蒙城	0.27	2.56	4.99	4.72

（1）东部地区

东部地区是指安徽省淮北地区东部，包括宿州市灵璧县、泗县、蚌埠市五河县和固镇县，以宿州市泗县、灵璧县域为代表，泗县选丁湖站。丁湖站位于泗县丁湖镇袁庙村境内，1974年5月设站，最浅埋深出现在2003年7月，为0.6m，最深埋深出现在2001年11月，达4.09m，埋深变幅为3.49m。多年平均地下水埋深为2.03m，1974—1982年，地下水水位变化总的趋势是不断下降，1982—1994年，地下水水位变化总的趋势是不断上升，1994年以后则忽升忽降没有趋势性变化，采补周期为2~3年，变幅为2~3m（图3-3、表3-2、图3-4、表3-3）。

泗县20世纪70—80年代地下水水位小幅上升，1990—2010地下水水位总体趋势持续下降，埋深变幅也随之增加，最高达6.31m。

由图3-4、表3-3分析可见，东部地区最浅埋深出现在20世纪70年代，为0.36m，最深埋深出现在2000年以后，达3.86m，同时埋深变幅达到历年来最大，为3.36m。东部地区七八十年代地下水水位小幅上升，但1980年后地下水水位总体趋势呈下降趋势，埋深变幅和平均埋深变化趋势整体一致，先略微下降后持续上升的趋势。

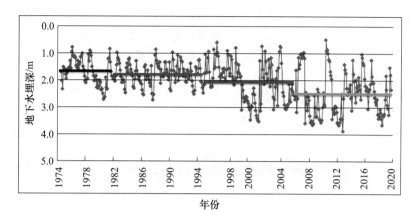

图 3-3　宿州市泗县地下水埋深变化过程

表 3-2　宿州市泗县地下水埋深变化特征　　　　　　　　　　单位：m

埋深特征	20 世纪 70 年代	20 世纪 80 年代	20 世纪 90 年代	2000 年后	多年平均
平均埋深	2.0	1.78	2.04	2.48	1.99
深埋深	4.28	3.94	5.69	6.47	5.1
浅埋深	0.05	0.25	0	0.16	0.12
埋深变幅	4.23	3.69	5.69	6.31	4.98

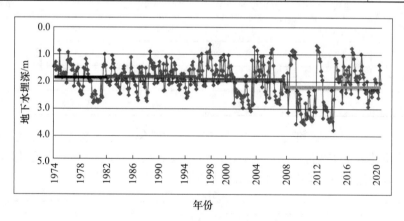

图 3-4　东部地区地下水埋深变化过程

表 3-3　东部地区地下水埋深变化特征　　　　　　　　　　单位：m

埋深特征	20 世纪 70 年代	20 世纪 80 年代	20 世纪 90 年代	2000 年后	多年平均
平均埋深	1.98	1.86	1.91	2.23	2.0
深埋深	3.67	2.97	3.57	3.86	3.52
浅埋深	0.36	0.67	0.58	0.5	0.53
埋深变幅	3.31	2.3	2.99	3.36	2.99

（2）南部地区

南部地区是指安徽省淮北地区南部，包括阜阳市颍上县、淮南市凤台县和蚌埠市怀远县，以阜阳市颍上县、淮南市凤台县域为代表。颍上县代表性站为谢桥站，谢桥站位于颍上县谢桥镇荆庄，1974 年 7 月设站，最浅埋深出现在 2006 年 7 月，为 0.22m，最深埋深出现在 2000 年 5 月，达 3.44m，埋深变幅为 3.22m，多年平均地下水埋深为 1.49m。地下水水位变化是忽升忽降没有趋势性变化，采补周期为 1～2 年，变幅为 2～3m（图 3-5、表 3-4、图 3-6、表 3-5）。

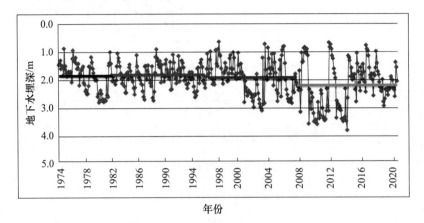

图 3-5　阜阳市颍上县地下水埋深变化过程

表 3-4　阜阳市颍上县地下水埋深变化特征　　　　　　　　单位：m

埋深特征	20 世纪 70 年代	20 世纪 80 年代	20 世纪 90 年代	2000 年后	多年平均
平均埋深	1.95	1.4	1.35	1.38	1.52
深埋深	3.97	3.01	3.39	3.8	3.54
浅埋深	0.42	0.39	0.28	0.22	0.33
埋深变幅	3.55	2.62	3.11	3.58	3.22

由图 3-5、表 3-4 分析可见，颍上县 1970—1990 年，地下水埋深呈持续下降趋势，地下水水位呈持续上升趋势；1990—2010 年，地下水水位略微下降，变化不大。1980 年后埋深变幅持续增加，最高达 3.58m。

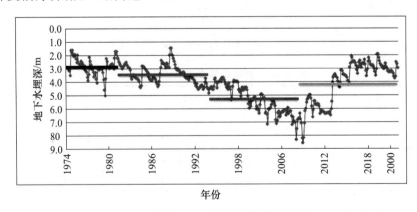

图 3-6　南部地区地下水埋深变化过程

表 3-5　南部地区地下水埋深变化特征　　　　　　　　　单位：m

埋深特征	20 世纪 70 年代	20 世纪 80 年代	20 世纪 90 年代	2000 年后	多年平均
平均埋深	1.76	1.59	1.49	1.34	1.54
深埋深	2.92	3.44	3.23	3.45	3.26
浅埋深	0.54	0.32	0.3	0.3	0.36
埋深变幅	2.38	3.12	2.93	3.15	2.89

由图 3-6、表 3-5 分析可见，南部地区 1970 年后最浅埋深出现在 90 年代和 2000 年后，均为 0.3m，最深埋深出现在 2000 年以后，达 3.45m，同时埋深变幅达到历年来最大，为 3.15m。1970—2010 年，南部地区地下水埋深逐渐下降，地下水水位持续上升，但地下水埋深变幅忽升忽降没有趋势性变化。

（3）西部地区

西部地区是指安徽省淮北地区西部，包括阜阳市市辖区、太和县、界首市、临泉县、阜南县和亳州市利辛县，以阜阳市临泉县、阜南县域为代表。临泉县代表性站为宋集站，宋集站位于临泉县宋集镇小王庄境内，1974 年 7 月设站，最浅埋深出现在 2007 年 7 月，为 0.19m，最深埋深出现在 2000 年 5 月，达 4.50m，埋深变幅为 4.31m。多年平均地下水埋深为 2.27m。1974—1980 年地下水位变化总的趋势是不断上升，1980—1995 年地下水位变化总的趋势是不断下降，1995 年以后则忽升忽降没有趋势性变化，补给周期为 2—6 年，变幅为 2～4m，最大补给周期发生在 1991 年 6 月—1998 年 8 月，地下水埋深 1991 年 6 月自 0.63m 开始下降至 1995 年 6 月达最低为 3.83m，然后开始逐步回升，至 1998 年 8 月达最高为 0.50m（图 3-7、表 3-6、图 3-8、表 3-7）。

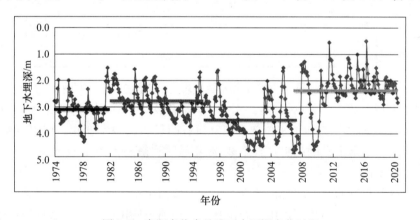

图 3-7　阜阳市临泉县地下水埋深变化过程

表 3-6　阜阳市临泉县地下水埋深变化特征　　　　　　　单位：m

埋深特征	20 世纪 70 年代	20 世纪 80 年代	20 世纪 90 年代	2000 年后	多年平均
平均埋深	3.08	2.79	3.49	2.38	2.94
深埋深	7.73	6.82	8.45	5.61	7.15
浅埋深	0.57	0.6	0.49	0.19	0.46
埋深变幅	7.16	6.22	7.96	5.42	6.69

由图 3-7、表 3-6 分析可见，临泉县 20 世纪 70 年代后地下水水位忽升忽降没有明显的趋势性变化，但在 90 年代，地下水埋深达到历年最高，高达 8.45m，2000 年后地下水最浅埋深达到历年最低，低至 0.19m，埋深变幅和地下水一样没有明显的趋势性变化。

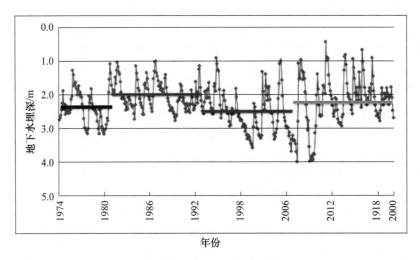

图 3-8　西部地区地下水埋深变化过程

表 3-7　西部地区地下水埋深变化特征　　　　　　　　　　单位：m

埋深特征	20 世纪 70 年代	20 世纪 80 年代	20 世纪 90 年代	2000 年后	多年平均
平均埋深	2.38	2.03	2.52	2.19	2.28
深埋深	5.0	3.74	4.76	5.45	4.74
浅埋深	0.61	0.55	0.47	0.34	0.49
埋深变幅	4.39	3.18	4.29	5.12	4.24

由图 3-8、表 3-7 分析可见，西部地区最浅埋深出现在 2000 年后，为 0.34m，最深埋深也同时出现在 2000 年以后，达 5.45m，同时埋深变幅达到历年来最大，为 5.12m。1970—2010 年，西部地区地下水位忽升忽降没有明显的趋势性变化，埋深变幅在 80 年代略微下降后呈逐渐上升的趋势，直至 2000 年后达到最高，为 5.12m。

（4）北部地区

北部地区是指安徽省淮北地区北部，包括淮北市市辖区、淮北市濉溪县、亳州市市辖区、亳州市涡阳县、宿州市砀山县和萧县，以宿州市砀山县、萧县县域为代表。宿州市砀山县代表性站为唐寨站，唐寨站位于砀山县唐寨镇境内，1974 年 5 月设站，最浅埋深出现在 1985 年 10 月，为 1.65m，最深埋深出现在 1990 年 11 月，达 8.83m，埋深变幅为 7.18m。多年平均地下水埋深为 5.49m，1974—1984 年 5 月地下水水位变化总的趋势是不断下降，降至 6.23m 后，逐步回升，1985 年 10 月达 1.65m 后，又不断下降，2003 年 6 月降至 8.44m 后，逐步回升，其间 1990 年 11 月短期农田抽水曾降至 8.83m，至 2005 年 6 月后进入平稳期，埋深始终在 3～4m 波动（图 3-9、表 3-8、图 3-10、表 3-9）。

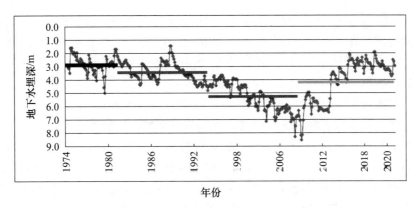

图 3-9 宿州市砀山县地下水埋深变化过程

表 3-8 宿州市砀山县地下水埋深变化特征 单位：m

埋深特征	20 世纪 70 年代	20 世纪 80 年代	20 世纪 90 年代	2000 年后	多年平均
平均埋深	2.84	3.43	5.25	4.12	3.93
深埋深	6.14	8.22	15.93	10.35	10.16
浅埋深	0	0.4	1.79	0.48	0.67
埋深变幅	6.14	7.82	14.14	9.87	9.49

由图 3-9、表 3-8 分析可见，砀山县 70 年代至 90 年代地下水水位持续下降，90 年代以后地下水水位总体趋势小幅上升，埋深变幅和地下水位同步变化，90 年代达到最高，为 14.14m，2000 年后埋深变幅略微下降。

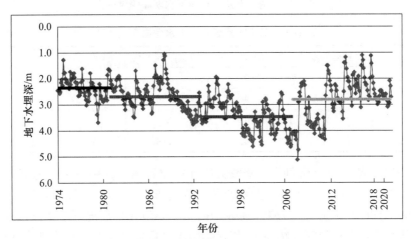

图 3-10 北部地区地下水埋深变化过程

表 3-9 北部地区地下水埋深变化特征 单位：m

埋深特征	20 世纪 70 年代	20 世纪 80 年代	20 世纪 90 年代	2000 年后	多年平均
平均埋深	2.36	2.69	3.45	2.77	2.82
深埋深	5.05	5.11	8.32	8.58	6.76
浅埋深	0.85	0.71	0.76	0.53	0.71
埋深变幅	4.2	4.4	7.56	8.05	6.05

由图 3-10、表 3-9 分析可见，北部地区最浅埋深出现在 2000 年后，为 0.53m，最深埋深也同时出现在 2000 年以后，达 8.58m。北部地区 70 年代至 90 年代地下水水位持续下降，90 年代后地下水水位小幅上升。70 年代至 2000 年后地下水埋深变幅呈逐渐上升的趋势，直至 2000 年后达到最高，为 8.05m。

（5）中部地区

中部地区是指安徽省淮北地区中部，以亳州市蒙城县县域为代表。亳州市蒙城县代表性站为板桥站，板桥站位于亳州市蒙城县板桥镇板桥集，1974 年 8 月设站，最浅埋深出现在 2003 年 7 月，为 0.27m，最深埋深出现在 1999 年 8 月，达 4.99m，埋深变幅为 4.72m，多年平均地下水埋深为 2.56m。地下水水位变化是忽升忽降没有趋势性变化，采补周期为 1~2 年，变幅为 2~4m（图 3-11、表 3-10）。

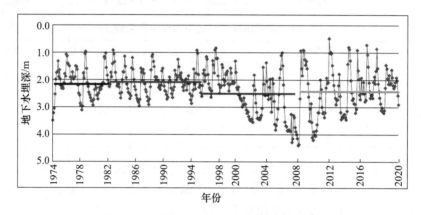

图 3-11　亳州市蒙城县地下水埋深变化过程

表 3-10　亳州市蒙城县地下水埋深变化特征　　　　　　单位：m

埋深特征	20 世纪 70 年代	20 世纪 80 年代	20 世纪 90 年代	2000 年后	多年平均
平均埋深	2.09	2.07	2.5	2.43	2.27
深埋深	4.47	3.98	8.96	10.29	6.93
浅埋深	0.36	0.37	0.4	0	0.28
埋深变幅	4.11	3.61	8.56	10.29	6.64

由图 3-11、表 3-10 分析可见，蒙城县所在的位置属于安徽省中部地区，该地区最浅埋深出现在 2000 年后，为 0m，最深埋深也同时出现在 2000 年以后，达 10.29m，同时埋深变幅达到历年来最大，为 10.29m。中部地区 70 年代后地下水水位忽升忽降没有明显的趋势性变化，但埋深变幅在 80 年代略微下降后呈逐渐上升的趋势，直至 2000 年后达到最高，为 10.29m。

3.1.3　典型地区水位动态特征分析

淮北地区浅层观测孔较多，本研究主要以阜阳地区的地下水动态观测资料展开分析。为使分析结果具有一定的代表性，选取的分析点位基本均匀分布在研究区内。如图 3-12 所示，从图中水位与降水过程线可以看出，1—2 月份降水量和蒸发量较小，地下水水位较低，随着降水量逐渐增多，水位也相应地抬高，到 8 月份，降水量最高，水位最大，此后水位又随降水量的减少而减小，呈现出与降水周期基本一致的趋势（受入渗补给时间、岩性等因素的影响，时间上略有滞后），因此，浅层地下水水位动态特征一般为降水入渗型，特别是 2010 年左右，降水量明显减少，地下水水位下降幅度相应的也较大。

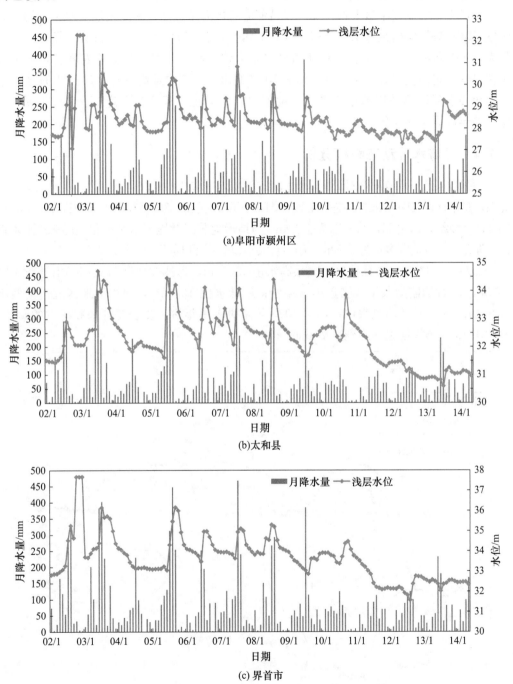

图 3-12　浅层地下水水位动态变化过程线

浅层地下水年内水位动态随开采量、降水量和蒸发量的季节性变化呈现动态变化。一般来说,每年的11月份至次年的2月份,降水量、蒸发量和开采量都较少,地下水位是一年中相对稳定的时期,除部分山前平原及河谷平原区接受侧向补给径流呈缓慢上升趋势外,其他地区总体处于稳定状态;3—5月为主要的农业灌溉期,降水量少,潜水蒸发增大,农业开采量大增,除一些沿河流的局部灌区外,平原区地下水水位均呈大幅度下降趋势,年内最低水位一般在5月下旬—6月上旬出现;6—9月为汛期,降水量较大,占全年的70%～80%,由于得到降水入渗补给,同时开采量相对较少,地下水水位得到一定幅度回升,至9月下旬或10月上旬达到年内最高水位。10—12月地下水水位缓慢下降回落并逐渐趋于平稳。地下水水位呈现"稳定—下降—上升—下降—稳定"的年内周期性变化。

3.1.4 区域水位动态特征分析

根据浅层地下水监测资料分析,淮北地区浅层地下水从西北流向东南,多年平均水位西北高,东南低。其中淮北地区亳州北部、阜阳西部以及砀山境内多年平均水位高于35m,中部地区在20～30m之间,东南部大于20m;与地形地貌以及地下水水位相关的多年平均埋深,淮北大部分地区多年为2～3m,砀山县大于3m,沿淮局部小于2m,见图3-13。

1974—2014年,淮北地区历史最高水位43.14m,为淮北地区最北部砀山县苇子园2003年10月的监测水位,属于丰水年份;最低水位13.92m,为沿淮地区五河县西坝口闸1979年5月的监测水位,由于1978年是极干旱年份,受农灌开采和蒸发的影响,水位于1979年汛期之前降到历史最低。

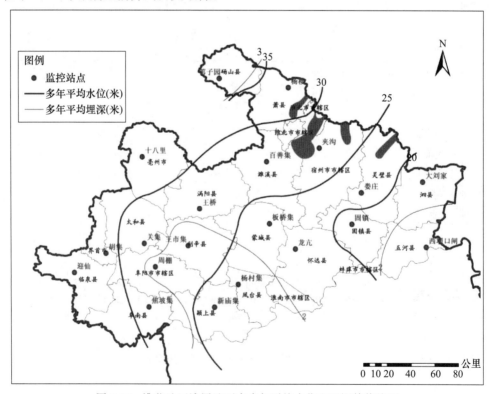

图3-13 淮北地区浅层地下水多年平均水位和埋深等值线图

3.1.5　浅层地下水动态演化分析

淮北地区地下水动态变化特征相对稳定。中南部年际地下水水位动态变化不大，个别年份受丰水年、平水年、枯水年等的影响，水位出现较大幅度的波动；但总体趋势基本稳定，受气候、水文和人为开采的综合影响，呈现周期性变化。北部局部地区萧县砀山因地下水开采量较大，动态变化显著，基本呈下降趋势。

大气降水是淮北地区浅层地下水最主要的补给来源。尤其是部分山地、丘陵区广泛出露的泉水对大气降水的反应明显。淮北平原河谷平原埋深小于50m的浅层孔隙地下水，直接接受大气降水的补给，对降水的反应十分灵敏。地下水水位变化与降水量关系密切，季节性变化明显，雨季水位上升，枯季水位下降。1年中一般出现两个水位峰值，梅雨期为小峰（春潮），6—9月汛期为大峰（夏汛）。据淮北平原的实测资料分析，降水量小于10mm，不会引起地下水水位的明显上升；日降水量大于20mm，则可引起地下水水位的迅速上升。地下水水位上升幅度与降水量并不成等比关系，两者的比例关系与降水强度、降水形式及地下水水位埋深有关，一般地下水水位升幅为降水量的2～10倍。地下水位的变化与降水时间也不同步，而是略滞后于降水。丰水期，地下水水位在有效降水2d后，甚至在1d内，即有明显上升；枯水期，地下水水位埋深较大，滞后时间可达4～6d。埋深大于50m的中深层孔隙地下水，与大气降水的联系随深度的增加逐渐减弱，直至基本封闭。据淮北平原的实测资料分析，埋深在50～100m间的地下水水位变化受降水量的影响非常显著。

3.2　浅层二含和深层孔隙水三含动态特征分析

浅层第二含水层组孔隙承压水，含水层顶、底板埋深大致在50～150m，属于介于第一含水层组孔隙水和第三含水层组孔隙水之间的半封闭过渡系统，与上覆第一含水层组通过弱透水层存在一定的水力联系，个别地区还存在越流"天窗"，特别是淮北平原东部地区，降水变化对该层位影响显著。深层第三含水层组承压孔隙水，含水层顶板埋深大致在150m以下，水力性质为承压水，属于封闭系统，与降水和地表水基本无水力联系，该含水层主要分布于淮北平原西部阜阳市和亳州市，东部至濉溪县、怀远县、固镇县一带变薄，至埇桥区、灵璧县一带缺失。

3.2.1　监测井选取

浅层二含监测井38眼，主要分布于阜阳市、亳州市和宿州市砀山县，监测孔隙第二含水层组承压水，监测站点分布情况见图3-14。深层第三含水层监测井24眼。

3.2.2　典型观测孔水位动态特征分析

淮北地区深层地下水观测孔较少，且本次以阜阳为重点研究区展开分析。从图3-15至图3-17中水位与降水过程线可以看出，浅层二含和深层三含地下水水位与降水量的相关性较差，水位均呈不同程度的下降趋势，但浅层二含下降幅度较小，因阜阳地区深层三含地下水开采量较大，水位埋深也相应地增大，且浅层二含和深层三含之间水力联系弱。年内波动较小，年际间呈下降趋势。

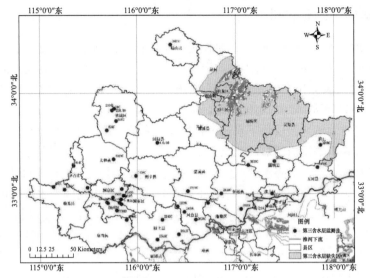

图 3-14　选用浅层二含孔隙承压水监测站点分布图

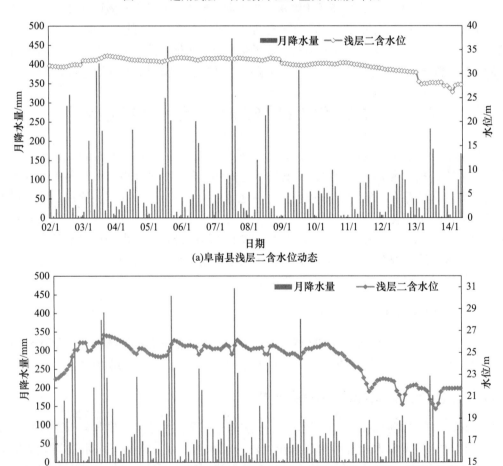

图 3-15　浅层二含地下水水位动态变化过程线

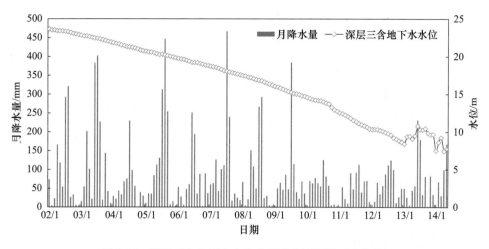

图 3-16　深层三含地下水水位动态变化过程线（太和县）

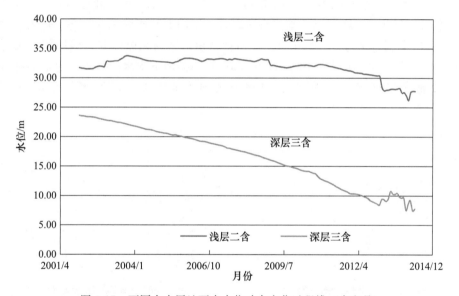

图 3-17　不同含水层地下水水位动态变化过程线（太和县）

3.2.3　区域水位动态分析

　　根据收集到的有限的观测孔，结合调研情况和区域水文地质条件，绘制了 2014 年阜阳市地下水流场图（图 3-18），从流场图上分析，地下水水位降落漏斗主要分布在水源地周边，也间接验证了深层地下水水位的下降主要是由地下水开采引起的，因此，控制深层地下水水位下降的措施应是地下水资源的限采和禁采。

　　此外 2018 年国家水利监测井在淮北地区进行建设，因此以 2018—2020 年为代表时段，采用起点年份 2018 年年末的地下水水位（埋深）及终点年份 2020 年年末的地下水水位（埋深）资料，计算地下水水位（埋深）降幅及年均下降速率，对监测井水位动态进行分析，判断地下水水位变化趋势。

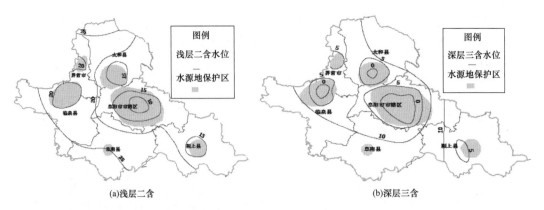

(a)浅层二含   (b)深层三含

图 3-18   深层地下水流场示意图（2014 年）

1. 阜阳市水位动态分析

阜阳市 2018—2020 年主城区区域地下水水位平均下降 0.66m，年均下降速率 −1.78～2.81m/a；界首县城 2020 年末地下水漏斗中心水位埋深超过 80m，近 3 年年均下降速率超 4.39m/a，区域局部水位有所回升，年均上升速率 1.63m/a；临泉县地下水漏斗区年均下降速率 0.1～2.26m/a；太和县原超采区内无监测井，但局部区域近 3 年水位在逐步回升，水位年上升速率 0.56m/a；阜南县地下水水位基本稳定，局部区域水位年上升速率超过 1m/a；颍上县原超采区内无监测井，区域水位年均下降速率 −0.39～0.29m/a（图 3-19）。

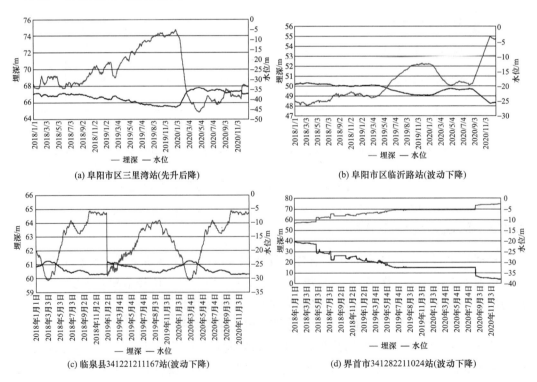

(a) 阜阳市区三里湾站(先升后降)   (b) 阜阳市区临沂路站(波动下降)

(c) 临泉县341221211167站(波动下降)   (d) 界首市341282211024站(波动下降)

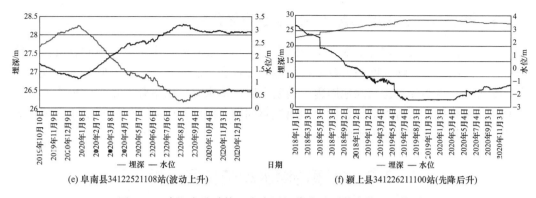

(e) 阜南县34122521108站(波动上升)　　(f) 颍上县341226211100站(先降后升)

图 3-19　阜阳市孔隙第三含水层组代表监测井水位过程线图

2. 亳州市水位动态分析

谯城区 2018—2020 年原地下水超采区漏斗中心水位在回升，年均上升 0.09m，区域南部地下水水位年均降幅较大，下降速率超 1m/a；涡阳县原超采区内近 3 年水位年均回升 0.77m，但 2020 年末水位埋深为 47.39m，超采区水位尚未恢复到采补平衡；利辛县和蒙城县城区均无监测井，区域上的监测井水位可能受矿坑疏干排水及相邻县区地下水开采的影响，近年水位呈下降趋势，年均下降速率超 1m/a（图 3-20）。

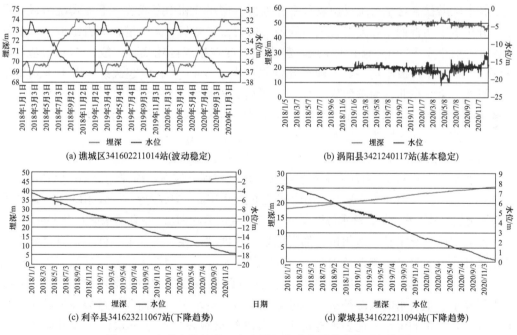

(a) 谯城区341602211014站(波动稳定)　　(b) 涡阳县3421240117站(基本稳定)

(c) 利辛县341623211067站(下降趋势)　　(d) 蒙城县341622211094站(下降趋势)

图 3-20　亳州市孔隙第三含水层组代表监测井水位过程线图

3. 宿州市水位动态分析

宿州市仅砀山县开发利用孔隙第三含水层。砀山县现状无外调水源，地下水是当地唯一供水水源，尤其深层承压水是居民生活用水和工业用水的主要开采层位。根据监测资料分析，近年砀山县城区漏斗中心水位下降幅度较大，年均下降速率为 3.51m/a。

3.2.4　浅层二含和深层三含地下水动态演化分析

浅层二含和深层三含地下水水位与降水量的相关性较差，水位均呈不同程度的下降趋势，但浅层二含下降幅度相对较小，且浅层二含和深层三含之间水力联系弱。地下水水位降落漏斗主要分布在水源地周边，表明深层地下水水位的下降主要是由地下水开采引起的，现阶段，已造成个别点发生地面沉降问题，因此，亟须对深层地下水开展限采和禁采等工作，以保护地下水资源。

3.3　裂隙岩溶水动态特征分析

3.3.1　岩溶水分布特征

裂隙岩溶含水岩组主要分布于淮北平原东北部的萧县东北、淮北市区、濉溪县和宿州市、灵璧县、泗县一线以北地区，以及涡阳东北、蒙城西北、淮南—凤阳山区的局部地段，岩溶水分布面积约 $5220km^2$，其中构成水源地面积约 $3380km^2$。包括碳酸盐岩（碳酸盐岩所占比例大于90%）和碳酸盐岩夹碎屑岩（碳酸盐岩所占比例50%～90%）两种含水岩组。

其中碳酸盐岩含水岩组是由震旦系徐淮群、宿州群和中寒武统—下奥陶统组成。震旦系分布于宿州青铜山和灵璧九顶山等地，由白云岩和灰岩夹少量砂页岩组成。岩溶发育深度一般小于100m；地下水承压，静水位埋深在覆盖区较浅，一般3～5m，基岩区埋深较大；富水性极不均一，一般单孔涌水量大于 $50m^3/h$。中寒武统—中下奥陶统出露于濉溪—宿州东北，为碳酸岩夹少量碎屑岩。岩溶发育深度在基岩区小于100m，覆盖区150～200m，局部300m；地下水类型在裸露区一般为潜水，水位埋深20～50m，坡麓、山前及盆地内则为承压水，静水位埋深小于10m；单孔涌水量大于 $50m^3/h$。

碳酸盐岩夹碎屑岩含水岩组由下寒武统和上石炭统组成。下寒武统主要出露于宿州以北，一般形成褶皱核部，由灰岩夹页岩组成；静水位埋藏较深，局部达20m；单孔涌水量5～ $10m^3/h$。上石炭统出露于淮北相山南端及萧县西南部，构成向斜翼部，由灰岩、粉砂岩夹煤层组成；地下水承压，静水位埋深小于5m，局部28～31m。单孔涌水量大于 $50m^3/h$。

淮北市区、濉溪县、宿州市北部裂隙岩溶水区域，在人工开采条件下，有良好上覆的垂直补给带、水平径流以及中、下游存在的储水构造，为汇集、开发裂隙岩溶水提供了良好的条件。其补、径、排条件及动态特征如下：裸露的裂隙岩溶水分布区，直接接受大气降水、地表水的入渗补给。通过溶蚀构造、落水洞、层面及构造裂隙岩溶带、盲河、盲沟，汇集的雨水、地表水直接垂直入渗补给裂隙岩溶地下水；其排泄途径以泉流、排入深切河流或通过隐伏、埋藏区间，以水平径流形式，向下游储水构造排泄或人工开采；裸露区岩溶水属潜水—半承压水，与大气降水的关系较为密切，水位随降水量变化十分明显，岩溶水对大气降水反应一般滞后降水1～5d。连续干旱年水位明显降低，连续偏丰年，平均水位相对较高。隐伏于第四系地层下的裂隙岩溶水分布区，上覆有厚度2～50m第四系松散含水层，直接接受上覆浅层孔隙型地下水的垂直补给及区外含水层侧向径流的补给；排泄方式以水平向下游排泄和人工开采为主，向上越流排泄补给第四系孔隙水为辅。隐伏区岩溶水普遍具有承压性，水位高于上覆第四系潜水位，在某些地段还存在自流状态，但在开采状态下，水动力条件发生较大变化；地下水水位动态变化主要受侧向径流补给影响，略微滞后于裸露区岩溶水水位的变化。岩溶水对大气降水反应也较迅速，一般滞后降水 5～10d。

埋藏于固结岩层下的裂隙岩溶水分布区，其主要补给来源为上覆含水层的越流补给或"天窗"补给和区外含水层侧向补给；主要排泄途径为人工开采、侧向排泄以及向上越流。岩溶水的变化依然受降水的影响，但明显滞后且反应趋缓，一般滞后 10～30d。

本区裂隙岩溶水天然径流方向受地形地貌影响和地质构造控制，总体上自北向南，在垂向上具有分带性，浅部（一般在基岩顶板向下 50～100m）径流积极，向下逐渐变得滞缓。

岩溶水可划分为相山濉溪徐楼水源地、二电厂水源地、符离集水源地、夹沟水源地、灵璧泗县水源地、萧县水源地，构成水源地面积达 2224.653km²。相山濉溪徐楼水源地包括高岳—相山及淮北发电厂—三堤口、濉溪县城区、徐楼一带，岩溶水分布面积 278.03km²；二电厂水源地包括时村、青谷、孟山、穆浅子至赵集一带，岩溶水分布面积 241.4km²；符离集水源地包括横口、黄桥，岩溶水分布面积 109.22km²；夹沟水源地包括张庄至赵集、康湖西和城孜集（支河），岩溶水分布面积 346km²。以上 5 个水源地，均有裸露区、浅覆盖区、深覆盖区（隐伏区）3 种类型（图 3-21）。

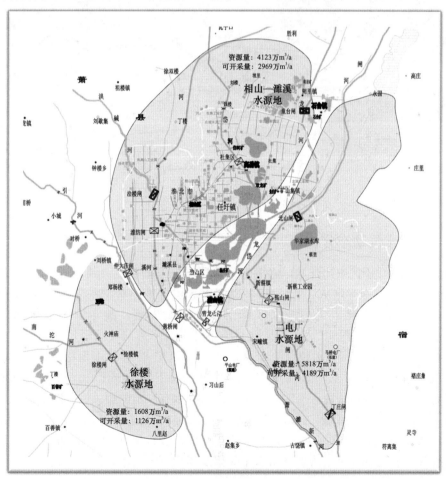

图 3-21　淮北地区岩溶水源地范围示意图

3.3.2 岩溶水监测井选取

选取资料系列相对完整的岩溶地下水监测井共25眼，均为每日监测井。其中自然资源部门地下水监测井10眼，观测系列普遍较长，代表性良好，作为判断地下水水位长期趋势和计算下降速率的主要依据；水利部门地下水监测井15眼，大多为2017年后建成的国家地下水监测工程监测井，基本能覆盖监控主要岩溶水水源地近期动态，作为辅助分析。

本次工作选取的岩溶地下水监测井18眼在淮北市境内，7眼在宿州市境内，选取的岩溶水监测井统计情况，站点分布情况见图3-22。

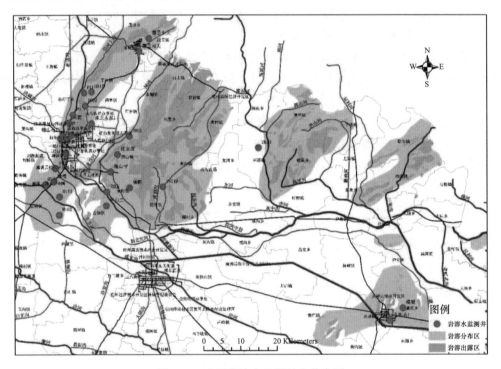

图 3-22　选用岩溶水监测站点分布图

3.3.3 岩溶水位动态分析

自20世纪80年代中期开始，岩溶水开采区水位下降明显。到21世纪初，岩溶水水位整体下降，年变幅增大。2003年，岩溶水水位标高−6.84～71.00m，水位埋深−0.73～48.52m。淮北市集中开采区降落漏斗继续发展，漏斗中心最低水位标高−6.84m，最大水位埋深40.20m；灵璧县集中开采区降落漏斗已经形成，漏斗中心最低水位标高−2.80m，最大水位埋深25.0m。与20世纪80年代中期相比，集中开采区外围水位普遍下降0.2～1.5m，集中开采区中心部位下降10～15m。从图3-23的过程线可以看出，裸露区或浅覆区裂隙岩溶水水位与降水有一定的相关性（图3-24）。

以2011—2020年为代表时段，选取系列较长的10眼监测井，采用起点年份2011年年末（12月31日，下同）的地下水水位（埋深）及终点年份2020年年末的地下水水位（埋深）资料，计算岩溶地下水水位降幅及年均下降速率，结果见表3-11。

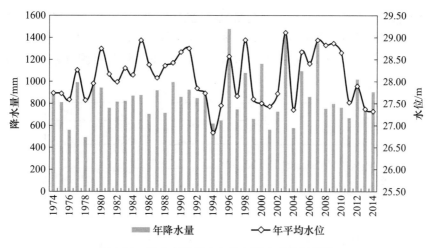

图 3-23　淮北市岩溶水水位与降水变化过程线

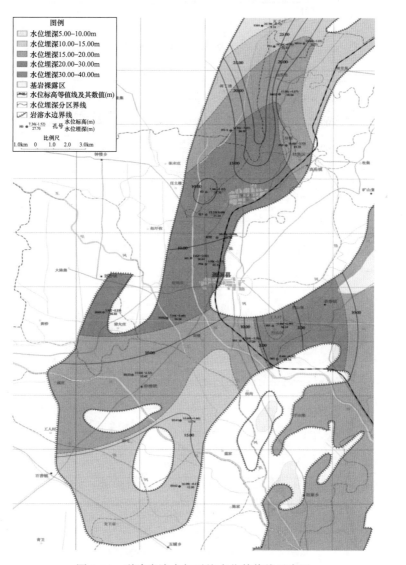

图 3-24　裂隙岩溶水年平均水位等值线示意图

对监测井水位动态进行分析，判断水位变化趋势。2011—2020 年这 10 年间，10 眼监测井中，有 5 眼井水位波动回升，4 眼井水位波动稳定，1 眼井水位先降后升，2011—2020 年年均水位变化速率在 $-0.69 \sim 1.04 \mathrm{m/a}$。典型监测井水位逐月过程如图 3-25 所示。

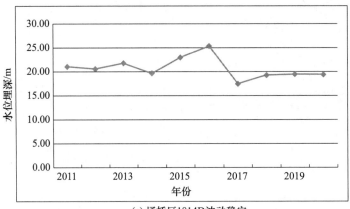

(a) 埇桥区1814D波动稳定

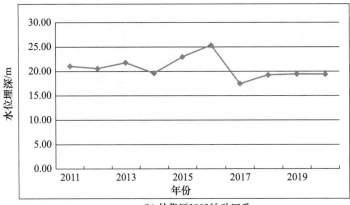

(b) 杜集区3803波动回升

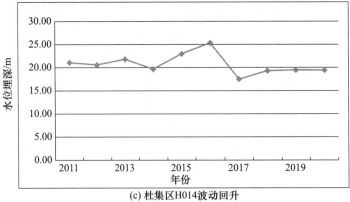

(c) 杜集区H014波动回升

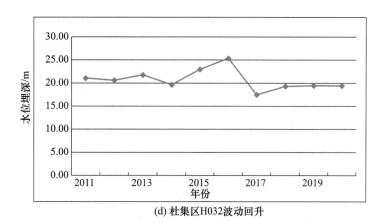

(d) 杜集区H032波动回升

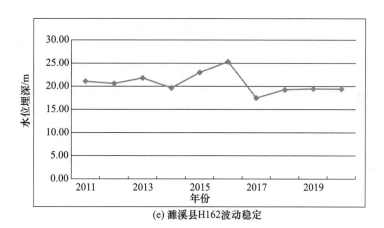

(e) 濉溪县H162波动稳定

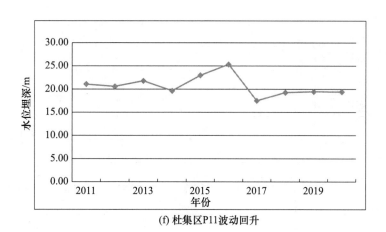

(f) 杜集区P11波动回升

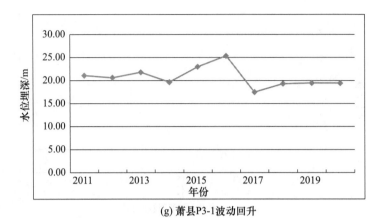

(g) 萧县P3-1波动回升

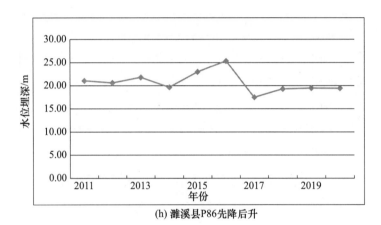

(h) 濉溪县P86先降后升

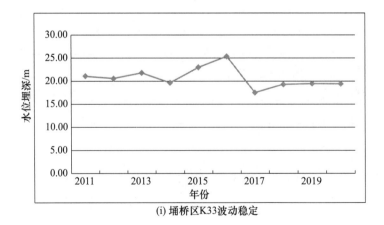

(i) 埇桥区K33波动稳定

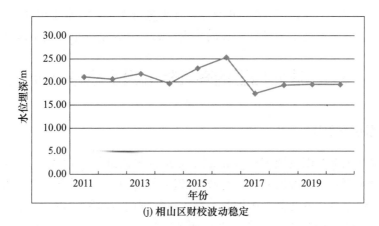

(j) 相山区财校波动稳定

图 3-25　岩溶水代表监测井水位（埋深）过程线图

淮北地区岩溶水开采井 10 年来变化情况见表 3-11。

表 3-11　岩溶水监测井 2011—2020 年埋深变化状况

序号	监测井		地下水年末埋深/m		埋深变化趋势	埋深年均变化速率 / (m/a)
	名称	编码	2011 年	2020 年		
1	1814D	3422230005	1.50	1.99	波动稳定	0.05
2	3803	3406020104	15.44	9.96	波动回升	−0.61
3	H014	3422220107	13.98	9.63	波动回升	−0.48
4	H032	3406020105	14.43	8.25	波动回升	−0.69
5	H162	3406210106	11.36	13.78	波动稳定	0.27
6	P11	3406020113	10.25	6.46	波动回升	−0.42
7	P3−1	3422220110	15.04	9.16	波动回升	−0.65
8	P86	3406010108	23.69	17.69	先降后升	−0.67
9	ZK33	3422230120	1.50	2.06	波动稳定	0.06
10	财校	3406030116	21.11	19.43	波动稳定	−0.19

3.3.4　岩溶地下水动态演化分析

碳酸盐岩裸露区因岩溶发育而有利于降水的入渗，岩溶裂隙水在雨季可获得大量的补给。总体上看，岩溶裂隙水与降水的关系极为密切，且淮北、淮南、沿江具有各自的特点。淮北平原东北部碳酸盐岩裸露区及隐伏区中的岩溶水强径流带（靠近山前的碳酸盐岩浅埋区，上覆松散层中没有黏性土的阻隔，并处构造有利部位），岩溶水的水位变化几乎与降水同步；隐伏区中的非岩溶水强径流带（虽上覆松散层中没有黏性土的阻隔，但远离山前，埋藏较深），岩溶水的水位变化仍然明显受降水影响，但稍有滞后，滞后时间一般 5～10d；碳酸盐岩隐伏区中岩溶地层之上覆盖了较厚的黏性土，以及碳酸盐岩的埋藏区，与上覆含水层的水力联系相对较弱。

裸露区或浅覆区裂隙岩溶水水位与降水有较强的相关性，随降水量的增减变化幅度较大,近10年来基本上随着需水量的增加,开采量增大,岩溶水水位整体呈下降现象,年变幅增大,如开采量稳定,则处于波动稳定状态,开采量减小,则呈波动上升状态。

3.4 淮北地区地面沉降成因及趋势分析

3.4.1 地面沉降现状

安徽省地面沉降范围主要发生在淮北平原地区松散地层厚度大于100m 的、以中、深层地下水为主要供水水源的地区,行政区域涉及淮北市、宿州市、亳州市、阜阳市全部,蚌埠市的怀远县、五河县、固镇县、淮上区,淮南市的凤台县、潘集区等,共6市27县(区),面积约38302km² (图3-26、图3-27)。

2019年安徽省在亳州市城区开展了二等水准测量工作,在阜阳市开展 InSAR 解译工作、分层标测量工作和阜阳市与宿州市的光纤孔测量工作,发现总体上地面沉降区域集中在皖西北地区。根据以上工作划分划定5~10mm/a 地面沉降速率区范围达28622.64km²;划定大于10mm/a 地面沉降速率区范围4583.32km²,主要分布于中西部各城市及县城地下水集中开采区,占沉降区总面积的11.97%。大于10mm/a 地面沉降速率区中10~30mm/a 区累积面积4453.64km²,占沉降区总面积的11.63%;30~50mm/a 区总面积116.48km²,占沉降区总面积的0.31%;大于50mm/a 区累积面积13.2km²,占沉降区总面积的0.03%。

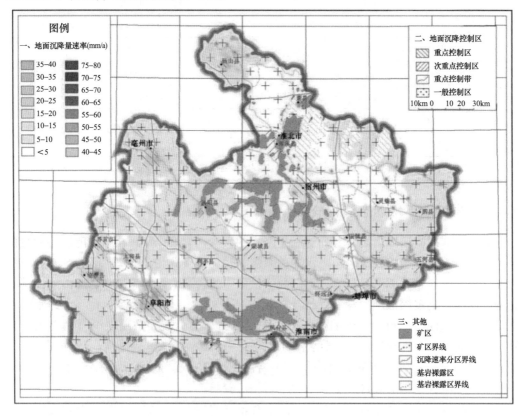

图 3-26 淮北平原区地面沉降速率图(2019)

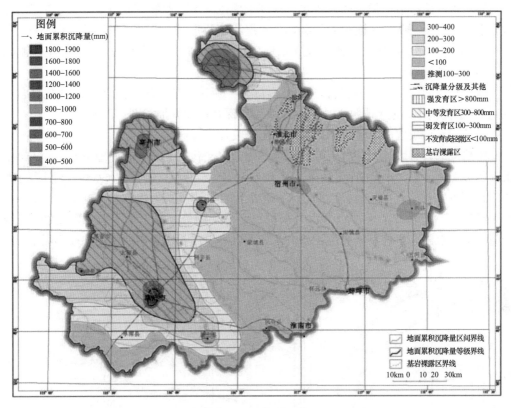

图 3-27　淮北平原区地面沉降累计沉降量图（2019）

阜阳市中心城区地面沉降年度沉降量大于 30mm，累计沉降量（1963—2017 年）1838.2mm（阜蒙 27mm），亳州市、界首市、太和县、临泉县、砀山县等中心城区地面沉降年度沉降量大于 15mm，其中，亳州市累计沉降量达 467mm（1980—2019 年），砀山县累计沉降量达 593.7mm（1987—2019 年），各中心城区外围亦有中轻度沉降；2019年皖东北地区宿州市中心城区西部水源地沉降量 25～35mm，城区以小于 10mm 为主。

2020 年安徽省在阜阳市城区开展了二等水准测量工作、InSAR 解译工作、分层标测量工作和阜阳市与宿州市的光纤孔测量工作，发现总体上地面沉降区域集中在皖西北地区。根据以上工作划定 0～10mm/a 地面沉降速率范围达 26558.93km²；划定大于 10mm/a 地面沉降速率区范围 6646.46km²，主要分布于中西部各城市及县城地下水集中开采区，占沉降区总面积的 17.35%。大于 10mm/a 地面沉降速率区中 10～30mm/a 区面积 6434.74km²，占沉降区总面积的 16.80%；30～50mm/a 区面积 209.34km²，占沉降区总面积的 0.55%；大于 50mm/a 区面积 2.38km²，占沉降区总面积的 0.006%。阜阳市中心城区地面沉降年度沉降量大于 30mm，累计沉降量（1963—2020 年）1859.2mm（阜蒙 27mm），亳州市、砀山县等中心城区地面沉降年度沉降量大于 15mm，其中，亳州市累计沉降量达 497mm（1980—2020 年），砀山县累计沉降量达 612mm（1987—2020 年），宿州市城区小于 10m。各中心城区外围亦有中、轻度沉降。

3.4.2　地面沉降成因

安徽省淮北平原地区地面沉降的主要原因是多年来集中大强度开采浅层和深层第

二、第三含水层松散岩类孔隙承压水，现开采层位已不断下移，致使第二、第三含水层地下水位大幅度下降，从而引起与孔隙含水层相邻的第二、第三工程地质层中黏性土层（第一、第二压缩层）压密释水，及含水层砂性土颗粒重新排列压缩，表现为以纵向压缩变形为主的固结沉降。

结合长时间序列的监测资料，揭示了工作区地下水漏斗的形成及动态变化，自 20 世纪 70 年代至今，地下水漏斗中心区域水位埋深在逐步增加（图 3-28）。

在地下水位反复升降过程中，地层处于反复加、卸荷状态，地面沉降主要是黏性土层压密造成的，且表现为持续沉降。选取阜阳市水文孔 FBG606 研究地下水水位与地面沉降相关关系。1995—2008 年地下水水位波动较大，但总体地下水水位呈下降趋势，由于地面沉降有滞后性和延续性的特点，地面沉降并未受地下水波动而起伏，而是一直呈下降趋势，2008 年后由于地下水开采呈稳定增加趋势，地下水水位亦呈抛物线下降趋势，地面沉降与水位下降高度正相关。地面沉降总体随地下水埋深增加而不断下沉。

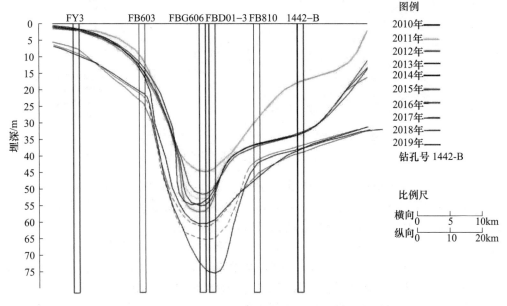

图 3-28　2010—2019 年深层地下水水位埋深剖面图

3.4.3　地面沉降发展趋势

1. 近—中期地面沉降形势较严峻

2025 年以前，安徽省淮北平原区主要城区供水水资源紧缺现状将持续不变，原因是淮北平原区河流地表水水质不达标，暂时难利用，引江济淮工程尚未实现供水等。目前，阜阳市新建了第三水厂，水源采用淮河水，现已启用，供水能力 $9 \times 10^4 \mathrm{m}^3/\mathrm{d}$，主要用于城市生活用水。因此，整体上，近期可能实现少部分中、深层地下水压采，可一定程度减少中、深层地下水开采量及减轻其对地面沉降的作用与影响程度，阜阳、亳州、宿州等地区可能出现局部地下水水位压采回弹及地面沉降速率的减缓，但区域性中、深层地下水水位将继续下降，地面沉降将持续发展，地面沉降范围将继续扩大和累计沉降量增加。

2. 远期引水工程利用，地面沉降趋势总体有明显减缓

亳阜地区及宿州市均在引江济淮工程的受水范围，2025 年工程建成运行后，亳州、阜阳、宿州及界首、太和、临泉等市县城区及附近中、深层地下水水源地将作为城区应急水源地保留，但广大农村地区的集中饮用水水源地仍以开采中、深层地下水为主。亳州、阜阳地区各城区地面沉降将有明显减缓，但区域内主要是深层地下水水位减缓下降，并伴随地面沉降整体呈相对较缓慢沉降的趋势。

沿淮地区包括蚌埠市和淮南市，城市供水基本以地表水为主，随着对地下水压采限采力度持续加大，中、深层地下水开采量将随之更加减少。因此，近期至远期地面沉降仍将处于不沉降或弱沉降状态。

淮北市及萧县、灵璧县城区供水以开采岩溶地下水为主，可能对局部上覆松散岩类孔隙地下水水位造成下降影响，但未引发明显地面沉降，保持现状开采状态及配套引水工程利用，未来至远期，引发较大范围地面沉降的可能性不大。

4 承压含水层顶板黏性土释水机理研究

地下水超采导致地下水流场发生变化，同时超采导致承压含水层的地下水位大幅度下降，形成巨大水头差，使含水层顶底板黏性层压密释水，产生了地面沉降，地面沉降导致含水层持水导水特性发生变化，在地下水流场和含水层变化的双重作用下，超采区地下含水层补、径、排关系发生根本性改变。

本章利用淮北地区近160个水文站点和641个地下水监测站点连续精细化原型观测实验数据，重点地面沉降区中心累计沉降量、沉降面积、漏斗面积等地面沉降遥感监测资料，结合原状土体岩芯开展的含水层顶底板压密原创性实验，从土体的膨胀和渗漏性两个角度识别含水层补排机理。

4.1 承压含水层顶板固结排水试验研究

国内外学者对地下水超采引起地面沉降进行了大量研究。随着深层承压含水层地下水开发利用越来越广泛，因地下水严重超采引起区域性大范围地面沉降的问题已成为当今亟待解决的难题，如骆祖江、段晓峰分别就沧州市、天津市因开采地下水引起地面沉降的过程进行了深入研究。深层孔隙水水位的下降造成土体有效应力增加，含水层顶板黏土层发生压密释水，释放出的部分弱结合水参与渗流并补给相邻承压含水层，同时黏土层的压密固结会引起土体渗透性的变化。黏土层补给含水层的压密释水量的大小和黏土层渗透性的变化影响地下水水流的模拟研究，从而影响地面沉降量的计算以及地下水开采方案的制定。

4.1.1 试验方法的分析和选择

由于目前关于承压含水层顶板固结排水规律研究还相对较少，为了进一步探讨其变化规律，本节以阜阳地区埋深70～100m处的深层粉质黏土作为研究对象，利用全自动三轴仪对土体进行压密固结和渗透试验。根据试验结果，探讨外力作用下承压含水层顶板土体压缩量、排水量，以及渗透性变化规律，为阜阳地面沉降模拟中承压含水层顶板土体压密释水量、含水层之间越流补给量的计算，提供科学的理论依据。

1. 固结实验原理及方法

土体具有压缩性的主要原因是土体内部颗粒与颗粒之间的孔隙减少引起了土体体积的减少。饱和土体中，可流动的水在一定的外力挤压作用下会沿着土体内的孔隙排出，从而土体因体积减小而发生压密固结。

目前，试验常用的室内固结实验仪有单向固结仪和三轴固结仪。采用单向固结仪进行固结试验时，土样因金属环刀和刚性护环所限，在一定的压力作用下，侧向上不产生压缩变形，只能产生竖向压缩。而三轴固结仪进行试验时，是将圆柱体的土样套在橡胶膜内放在密封的压力室中，向压力室内注入水，且在各试验阶段中保持水压不变，试样在各个方向受到围压，且在整个试验过程中液压保持不变，同时试样内各向的 3 个主应力都相等，并通过传力杆对试样施加纵向压力，可模拟土在天然状态下的土体所处的应力状态。

2. 渗透实验原理及方法

目前实验室中测定土体渗透系数 k 的试验方法有很多，按照试验原理，大致可分为"常水头"和"变水头"两种试验方法。在整个试验过程中，"常水头"试验法中的水头始终保持为一恒定常数，从而产生的水头差也为常数，而变水头试验法在试验过程中，水头差一直在随时间而变化，其试验装置如图 4-1 所示。图中，水从一根直立的标有刻度的玻璃 U 形管自下而上流经试验土样。试验时，将玻璃管中充水至一定高度后，启动秒表，测量和记录起始水头差 Δh_1。经过时间 t 后，再测量和记录最后的水头差

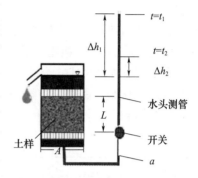

图 4-1　变水头法测渗透系数示意图

Δh_2。通过建立地下水渗流瞬时达西定律，即可推出土样渗透系数 k 的表达式。

假设试验过程中，作用于玻璃管两端任意时刻 t 所产生的水头差为 Δh，经过 dt 后，水头下降了 dh，则在 dt 时间内流入土样的水量 dV_e，见式 4-1。

$$dV_e = -a dh \tag{4-1}$$

式中，a—玻璃管断面面积；负号"$-$"表示 dt 时间内流入土样的水量 dV_e 随水头差 Δh 的减小而增大。

dt 时间内流出土样的渗流量 dV_o，根据达西定律，见式 4-2。

$$dV_o = kiA dt = k（\Delta h/L）A dt \tag{4-2}$$

式中，A—试样断面面积；L—试样长度。

根据地下水水流连续性原理，则有 $dV_e = dV_o$，即可得到土样渗透系数 k，见式 4-3。

$$k = （aL/At）\ln（\Delta h_1/\Delta h_2） \tag{4-3}$$

若用常用对数表示，则式 4-4 可写为

$$k = 2.3（aL/At）\lg（\Delta h_1/\Delta h_2） \tag{4-4}$$

目前粉质黏土的渗流计算分析中的渗透系数大多采用变水头渗透仪进行测试，存在侧壁渗流问题，用变水头渗透仪所测出的渗透系数结果与实际情况存在一定的偏差，且测量周期较长，而三轴固结仪能克服侧壁渗流问题，使试样恢复到天然状态下的应力状态，有效弥补变水头渗透试验的不足。三轴固结仪能提供较大的围压，适用于深层黏土压密释水量和渗透系数的测量。本文通过三轴固结—渗透试验，研究深层饱和黏土固结排水量、渗透系数与外力之间的关系。

4.1.2　土样特性及承压含水层变化特征

阜阳地区地层上部（150m 以内）被第四系覆盖，主要由亚黏土、亚砂土、粉砂、中细砂互层组成，其中埋深小于 50m 为浅层含水层；下部（150～250m）为上第三系，主要由半固结的中粗砂与亚黏土互层组成。根据阜阳地面沉降调查相关成果，20 世纪 80 年代中期，阜阳市城区以开采第二含水层（为承压含水层，埋深在 100～150m）为主，年开采量约 2000 万 m³，几乎接近地下水可采量，含水层水位开始持续下降；随着

工业和生活用水需求的逐年增长，80 年代后期第二含水层年开采量超过 3000 万 m³，含水层水位急剧下降，年平均下降速率达 2～3m/a，此时已形成了大范围的地下水降落漏斗，并诱发了地面沉降。造成地面沉降主要压缩层为第一含水层组与第二含水层组之间的黏土层，埋深为 50～100m，该段地层土体的前期固结压力 Pe 约为 0.9MPa。本次所取原状岩芯的钻孔位于阜阳市城区地面沉降范围外的边界上，原状岩芯（粉质黏土）埋深范围为 70～100m。经土工试验检测，试验土样工程地质参数见表 4-1。

本次将土样制备成 6 个高 8.0cm、直径 3.19cm 的圆柱形试样，其中试样 a_1、a_2 和 a_3 用作压密试验，试样 b_1、b_2 和 b_3 用作渗透试验。6 个试样均经真空抽气后浸泡 24h，进行充分饱和。

表 4-1 原状岩芯土样工程地质参数

钻孔分段	zK-3	zK-4	zK-5	zK-6
土样埋深/m	70.0	80.0	90.0	100.0
含水量/%	22.2	25.6	34.6	22.2
湿密度/（g·cm³）	2.01	1.98	1.86	2.02
干密度/（g·cm³）	1.64	1.58	1.38	1.65
孔隙比/%	0.665	0.728	0.986	0.648
饱和度/%	91.1	96	96.2	93.2
比重/（g·cm³）	2.73	2.73	2.74	2.72
液限/%	38.1	38.5	50.3	36.3
塑限/%	22.1	22.3	27.6	21.3

4.1.3 试验方案和步骤

1. 固结试验方案和步骤

试验采用全自动三轴固结仪，如图 4-2 所示，最大围压 2.0MPa，轴向最大载荷 30kN。主要设备由水压稳定系统和试件箱密封容器两部分组成。

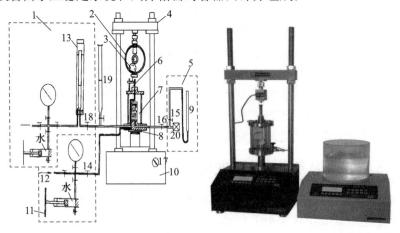

1—调压筒；2—周围压力表；3—周围压力阀；4—排水阀；5—体变管；6—排水管；7—变形量表；
8—量力环；9—排气孔；10—轴向加压设备；11—压力室；12—量管阀；13—零位指示器；14—孔隙压力表；
15—量管；16—孔隙压力阀；17—离合器；18—手轮；19—马达；20—变速箱

图 4-2 SLB-1 型应力应变控制全自动三轴仪

试样按照《土工试验规程》中三轴试验的要求安装，在试样进水端放置不透水板。首先对试样 a_1 施加围压至一恒定值 P，试样 a_1 受压固结，水压稳定系统注水进入试件箱密封容器以维持围压 P 不变，注水量即为试样压缩变形体积。试样固结排水进入水压稳定系统读取排水量；待注水量和排水量维持不变后，进行下一围压值实验。具体试验步骤如下。

①全面检查仪器各个部分，包括反压力系统、周围压力系统、轴向压力系统以及孔隙水压力系统是否能够正常工作，管路阀门的连接处、乳胶膜是否存在漏水漏气现象，管道排水是否畅通。

②打开压力室的有机玻璃罩子，将土体试样 a_1 放置在底座的透水圆板上，并在试样顶部放置不透水试样帽。

③将乳胶膜套在承膜筒上，同时将乳胶膜两端反过来，用力去吸气，使乳胶膜贴紧承膜筒内壁，并于试样外放气，在取出承膜筒前先将乳胶膜翻回，最后在底座和试样帽上用橡皮圈固定紧乳胶膜。

④为防碰撞试样，在安装压力室的外罩时先将活塞提高，在旋紧压力室密封螺帽之前应使活塞对准试样帽中心，最后再将活塞与测力环对准。

⑤向压力室内注水，即将充满水时需降低进水速度。当排水孔有水溢出时应关闭排水孔。

⑥启动电动机抬高实验底座，当显示屏显示测力环压力变化，表示活塞与试样接触，关闭电动机。

⑦开启周围压力按钮，对试样施加所需的围压，其中围压的大小应需根据初始固结应力大小和土样埋深来决定。试样固结排水进入水压稳定系统读取排水量。待注水量和排水量维持不变后，进行下一围压值实验。

⑧试验结束后，关闭周围应力按钮并进行降压至零压力时，打开排气孔，然后开启排水按钮，待压力室内的水排空后，拆去压力室外罩，然后取出土体试样，测量试验后试样的密度和含水量，并描述试样被破坏的形状。

⑨重复上述步骤分别在不同的围压下进行 a_2、a_3 试样的试验。

以土体前期固结压力 Pe 约等于 0.9MPa，作为本次试验的初始围压，此后逐级增加 0.1MPa，进行 7 级载荷试验，最终围压加至 1.6MPa。试样 a_2 和试样 a_3 重复以上操作。

2. 渗透试验方案和步骤

在一般常水头渗透试验中，试样通常是盛放在一个刚性环套形的盛器内，这种方法会导致沿盛器和试样的界面间的渗流。而在三轴固结—渗透试验中，用一块柔性的橡皮膜代替了刚性环，因三轴室内的压力作用，橡皮膜同试样紧贴在一起，这样就将沿界面渗流的可能性减至最小。

试验设备采用 SLB-1 型应力应变控制式三轴固结—渗透试验仪，试样按《土工试验规程》中三轴试验的要求安装。试验设备由水压稳定系统和试件箱密封容器两部分组成，其原理为首先对试样施加围压至一恒定值，再向试样施加反压作为进水水头，出水水头由体变管水提供，则试样两端形成渗透压差，从而导致液体通过试样进行渗透。试验过程中在每级围压下充分排水固结后，进行常水头渗透试验，试验结束释放围压和反压，排空压力室的水，测量此时试样的半径和高度，并推算黏性土的渗透系数。分别测量 3 个黏性土试样在周围压力为 1.0MPa、1.1MPa、1.2MPa、1.3MPa、1.4MPa、1.5MPa、1.6MPa 时的渗透系数。具体试验步骤如下。

①打开仪器底座开关，使体变管里的水慢慢地流向底座，等管内气泡排除后，再依次放上透水石和滤纸。

②先记录试样 b_1、b_2、b_3 的初始半径 r_0，再测量体变管长度 L。在承膜筒上套上已检查过的橡皮薄膜套并两端翻起，用吸球不断地从气嘴中吸气，并将橡皮膜套在试样 b_1 的外面，目的是使橡皮膜紧贴于筒壁，打开气嘴放气使橡皮膜紧贴在试样 b_1 周围，同时在底座上用橡皮圈扎紧橡皮膜下端，翻起橡皮的两端。

③打开底座开关，让体变管中的水从试样底座流入橡皮膜与试样 b_1 之间，排除围绕在试样周围的气泡，最后关闭开关。

④将与试样帽连通的排水开关打开，反压筒中的水慢慢流入到试样帽中，在试样 b_1 的上端放置滤纸和透水石，待反压系统、试样上端的气泡排完后，再关闭阀门，同时将试样帽与橡皮膜上端用橡皮圈扎紧。

⑤装上压力筒，为使传压活塞与土样帽接触，一定要拧紧密封螺帽，同时升高仪器升降台，使压力传感器与传压活塞轻微接触。

⑥向压力室施加初始围压为 1.0MPa，打开反压阀门，记录反压筒读数 Q，待反压筒读数不变即固结完成。

⑦打开出水口阀门，向试样施加反压，记录时间 t_1 和体变管的读数 Δh，直至体变管水位稳定上升即渗流稳定，记录 3 次以上稳定渗流时的体变管数据。

⑧试验结束释放围压和反压，排空压力室的水，测量此时试样 b_1 的半径 r，推算围压 1.0MPa 下的渗透系数。

⑨重复⑥⑦⑧步骤，测量 1.1MPa、1.2MPa、1.3MPa、1.4MPa、1.5MPa、1.6MPa 渗透系数。

⑩试样 b_2、b_3 重复以上试验操作。

4.2　固结试验结果及分析

4.2.1　外力作用下土水体积变化规律研究

将原状岩芯土样制备成 3 个高 8.0cm、直径 3.19cm 的圆柱形试样。在一定外力或水头作用下参与土体渗流的是抗剪强度较小的弱结合水，而弱结合水的排出使得土体固结排水量大于土体压缩变形量，如图 4-3 所示。

土体附加压力的持续增大导致土体弱结合水转化为自由水排出，土体固结排水量始终大于土体压缩变形量，弱结合水在排出的水中所占比重逐渐增大。同一压力状态下，土体受压作用时间约 1440min，单位时间内土体压缩量和排水量由 $10^{-3} \sim 10^{-4}$ mL 逐渐减小为 10^{-5} mL，说明土体因外力增加，弱结合水转化为自由水释放出来，同时土体发生压密固结，孔隙比减小；相同的压力条件下，随时间的持续，压缩量和排水量递减，土颗粒和土体骨架受压逐渐平衡。当土体荷载增至下一级，孔隙中弱结合水受力继续释放出来，新一轮的固结排水——压缩变形过程开始。

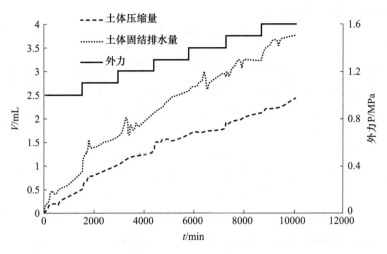

图 4-3　外力作用下土体压缩量

4.2.2　固结排水膨胀系数对外力的响应规律

3 个试样在逐级加压过程中，土体固结排水量始终大于土体压缩变形量，即土体在压密固结排水过程中产生体积"膨胀效应"。若固结排水膨胀系数为土体固结排水量与压缩量的比值，则膨胀系数随时间变化规律如图 4-4 所示。

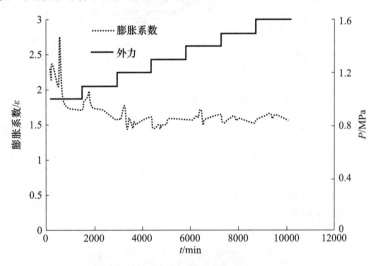

图 4-4　土体固结过程中 ε-t 变化规律

如表 4-2 所示，试样从 1.0MPa 逐级加压至 1.6MPa 时，膨胀系数由 2.75 逐渐减小至 1.55。加压至 1.3MPa 之前，膨胀系数下降速率较快，但随压力的不断增大，膨胀系数稳定在 1.5 左右，说明随着固结程度的提高，即使外力足够大，固结排出结合水所占的比例将不再增加。

不同荷载条件下，3 个试样膨胀系数 ε_1、ε_2、ε_3 见表 4-2 和图 4-5。结果说明土体因受压增大，导致孔隙比减小的同时，弱结合水的排出造成膨胀系数增大的幅度在逐渐减小，最终膨胀系数将趋于稳定。同时 3 个试样膨胀系数平均值与外力 P 呈幂函数关系变化，相关系数为 0.93，见式 4-5。

$$\varepsilon = 1.7P^{-0.22} \tag{4-5}$$

表 4-2 土体固结试验成果

外力 P/MPa	ε_1	ε_2	ε_3
1.0	1.71	1.73	1.72
1.1	1.69	1.67	1.68
1.2	1.61	1.63	1.62
1.3	1.58	1.58	1.61
1.4	1.56	1.58	1.57
1.5	1.55	1.57	1.56
1.6	1.55	1.57	1.56

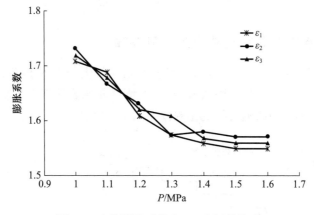

图 4-5 土体固结过程中 ε-P 之间的关系

集中超采引起承压含水层顶板黏土层发生压密释水，从而诱发地面沉降。本次通过研究区地面沉降边缘（同一水文地质区）承压含水层顶底板原状芯固结渗透试验研究，得出在外力作用下，土体因弱结合水的排出导致排水量（压密释水量）大于土体的压缩量，即土体在固结排水过程中产生体积"膨胀效应"，且膨胀系数随着外力的增大呈幂函数递减，最终将趋于稳定。

4.3 渗透试验结果及分析

4.3.1 渗透特性研究

外力的作用导致土体有效应力增加，土体内部颗粒孔隙的形状、大小以及连通性都发生了变化，从而引起土体的渗透性也发生变化。深层饱和黏性土在地面沉降过程中，随着固结程度的加剧，孔隙比 e 在减小，渗透系数 K 也发生了变化。本次渗透试验中试样 b_1、b_2 和 b_3 的渗透系数 K_1、K_2、K_3 见表 4-3 和图 4-6。试验结果表明：当外部压力由 1.0MPa 增加到 1.2MPa 时，渗透系数 K 值快速递减，此后随着外界压力增大递减速度变缓。当外力增加到 1.5MPa 时，渗透系数 K 值已达到 10^{-10} cm/s 数量级，接近于零。同时不同外力作用下，渗透系数 K 与外力 P 二者变化呈指数关系，相关系数为 0.94，见式 4-6。

$$K = 4 \times 10^{-5} e^{-0.71p} \tag{4-6}$$

表 4-3　土体渗透试验成果表

P/MPa	K_1/ $(cm \cdot s^{-1})$	K_2/ $(cm \cdot s^{-1})$	K_3/ $(cm \cdot s^{-1})$
1.0	1.46E-08	1.08E-08	1.42E-08
1.1	6.04E-09	3.94E-09	5.44E-09
1.2	4.64E-09	3.44E-09	3.74E-09
1.3	4.20E-09	3.00E-09	3.51E-09
1.4	1.08E-09	1.31E-09	1.12E-09
1.5	3.76E-10	2.56E-10	3.76E-10
1.6	1.48E-10	1.98E-10	1.58E-10

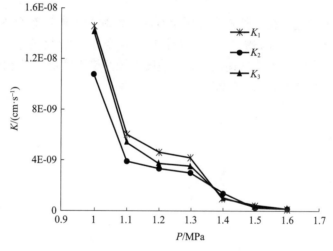

图 4-6　土体固结条件下 K-P 关系曲线

4.3.2　K-t 关系曲线分析

通过本次试验，发现只要外力作用时间足够长，都将会产生一个 K-t 渗透固结曲线，如图 4-7 所示。

结果说明当同一外力作用土体时，深层饱和黏土的弱结合水克服自身抗剪强度，参与土体孔隙渗流并从土体中排出。但随着时间的持续，土体释放的弱结合水的量逐渐减小到 0，土体渗透量也逐渐减小，待土体压缩固结完成后，渗透量才逐渐稳定不变，因此渗透系数 K 值前期逐渐变小，直至土体弱结合水不转化为自由水排出时，即土体压缩变形结束，此时才是某种外力条件下土体实际的渗透性。因此，一定压力条件下土体渗透性的稳定在时间上有所滞后。同时当外力增加时，土体前期的渗透系数 K 反而比上一次外力作用结束时大，主要原因是由于新增加的外力由土体孔隙内的弱结合水来承担，大量弱结合水的排出会导致渗透量增大。但总的来说，随着外力的增大，土体达到稳定状态时的渗透系数 K 值在逐渐减小。

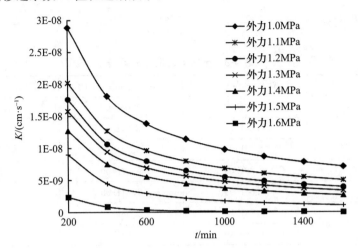

图 4-7　土体固结条件下 $K\text{-}t$ 关系曲线

本次通过三轴渗透试验，研究外力变化对深层饱和黏土渗透系数 K 的影响，结果表明，不同压力作用下，渗透系数 K 与外力二者变化呈指数关系。当附加外力在 1.2MPa 之前渗透系数 K 值快速递减，此后速度变缓并趋于稳定，但土体渗透性的稳定因弱结合水的排出会产生时间上的滞后。

5 中深层及岩溶地下水多变量关系研究及应用

5.1 地下水超采与地面沉降实测资料及阶段划分

5.1.1 实测资料

　　阜阳市深层地下水超采严重，其超采系数（开采量与允许开采量之比）高达 1.99。地下水天然状态下侧向径流十分微弱，地下水的集中超采使得深层地下水水位大幅度持续下降。目前，阜阳市区地面沉降形态为一近椭圆形浅漏斗，长轴为北西—南东向，约 25km；短轴为北东—南西向，约 21.2km。最大沉降范围 410km²；沉降大于 100mm 的范围为 162km²。阜阳市 1996—2016 年地下水超采情况见图 5-1，阜阳市 1996—2016 年中心累计沉降量、沉降面积和漏斗面积的变化情况分别见图 5-2、图 5-3。

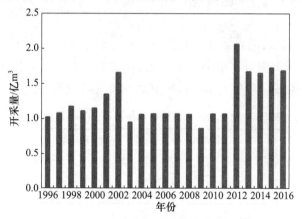

图 5-1　1996—2016 年地下水超采情况

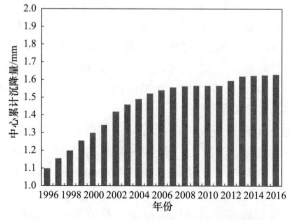

图 5-2　1996—2016 年中心累计沉降量变化情况

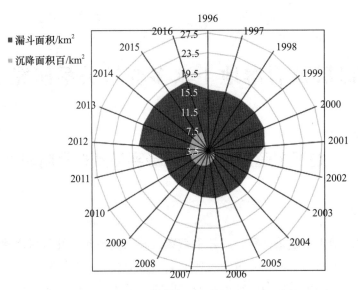

图 5-3　1996—2016 年沉降面积和漏斗面积变化情况

研究采用回归分析法，以地下水累计开采量为输入变量，分别以中心累计沉降量和沉降面积为输出变量，建立回归模型 1 和回归模型 2；以 $\dfrac{累计开采量}{漏斗面积 \times 中心累计沉降量}$ 为输入变量，以 $\dfrac{累计开采量}{沉降面积 \times 中心累计沉降量}$ 为输出变量，建立回归模型，见表 5-1。其中，P_n 代表至第 n 年累计开采量，单位为 m^3；L_{cn} 代表第 n 年中心累计沉降量，单位为 m；S_{cn} 代表第 n 年沉降面积，单位为 km^2；S_{ln} 代表第 n 年降落漏斗面积，单位为 km^2。

表 5-1　地下水超采与地面沉降多变量关系回归模型

模型	模型 1	模型 2	模型 3
表达式	$L_{cn}=f(P_n)$	$S_{cn}=f(P_n)$	$\dfrac{P_n}{S_{cn} \times L_{cn}}=f\left(\dfrac{P_n}{S_{ln} \times L_{cn}}\right)$

5.1.2　阶段划分

根据安徽省地下水环境监测报告及相关研究成果进行有关地面沉降的分析。

总体上安徽省地面沉降区域集中在皖西北地区，以阜阳市最具代表性。阜阳市开始发生地面沉降的确切时间已不可考，根据地下水开采和水准测量等方面的资料推测，应当是在 20 世纪 70 年代初。自 20 世纪 70 年代初至 1996 年，阜阳市地面沉降的发生、发展过程大致可划分为 3 个阶段。

1980 年以前为地面沉降形成期，地面沉降从无到有，并逐渐发展，其平面形态为一个南东大、北西小的椭圆形浅漏斗。至 1980 年沉降范围达 $94km^2$，沉降中心最大沉降量 83.7mm/a，中心最大年平均沉降速率 16.74mm/a，沉降范围年平均扩展速率 $18.8km^2$，地面沉降已形成漏斗状。

1989—1990 年建立起较系统的阜阳市地面沉降监测网，监测结果表明阜阳市地面沉降在1985—1990年发展迅速，中心最大沉降速率平均达89.1mm/a，地面沉降平面扩展速率达34.0km²/a，此两项指标均达到阜阳市地面沉降历史上的峰值。1990年沉降范围扩展至360km²，与1985年相比几乎增长了一倍，平面形态为近圆形，中心最大沉降量达872.8mm。

1990—1996年地面沉降速率较之1985—1990年有所下降，至1998年地面沉降范围约为410km²，地面沉降平面形态仍为近圆形。

1996年至今为地面沉降减缓发展期，地面沉降在平面和纵向上仍在持续发展，但较前一时期均明显趋缓，至2004年地面沉降范围扩展至450km²左右，中心最大沉降量约为1550mm，地面沉降平面形态较之1998年在南东方向上基本未扩展。

2019年安徽省在亳州市城区开展了二等水准测量工作，在阜阳市开展InSAR解译工作和分层标测量工作，在阜阳市与宿州市开展光纤孔测量工作，结果发现，总体上地面沉降区域集中在皖西北地区，得到沉降量30～50mm区占沉降区总面积的0.31%；大于50mm区累积面积占沉降区总面积的0.03%。2019年皖东北地区宿州市中心城区西部水源地沉降量25～35mm，城区以小于10mm为主。

综上分析可以得出，安徽省的地面沉降自2004年开始进入缓慢发展期。随着最严格水资源管理制度的落实和封存井措施的推进，地下水开采量呈下降趋势。地面沉降主要是黏性土层压密造成，表现为持续沉降，但地面沉降量呈逐年减缓趋势。

对阜阳市1996—2016年地下水开采量与地面沉降量数据资料进行分析研究后发现，地下水超采与地面沉降关系呈现明显的3个阶段。又因为2010年后阜阳市地下水控采取得明显成果，所以将1996—2000年划分为控采前（Ⅰ）阶段、2001—2010年划分为控采前（Ⅱ）阶段、2011—2016年划分为控采后（Ⅲ）阶段，详见图5-4、图5-5。

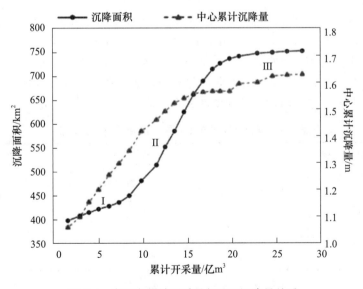

图5-4 阜阳市累计开采量与地面沉降量关系

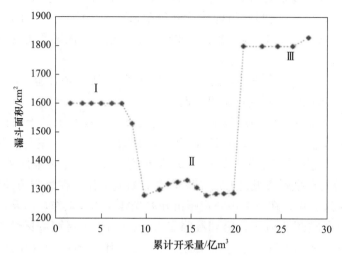

图 5-5 阜阳市累计开采量与漏斗面积关系

5.2 地下水超采与地面沉降双变量关系研究

5.2.1 累计开采量与中心累计沉降量的关系

由图 5-4 可知，控采前（I）阶段为中心累计沉降量加速期，累计开采量每增加 1 亿 m^3，中心累计沉降量增加 54.32mm，增幅 22.27%；控采前（II）阶段为中心累计沉降量发展期，累计开采量每增加 1 亿 m^3，中心累计沉降量增加 21.87mm，增幅 16.51%；控采后（III）阶段为中心累计沉降量稳定期，累计开采量每增加 1 亿 m^3，中心累计沉降量增加 6.81mm，增幅 4.02%。采用回归分析法对地下水累计开采量与中心累计沉降量间关系进行探索，得到地下水累计开采量与中心累计沉降量在控采前（I）阶段呈底数为 e 的指数函数关系、控采前（II）阶段呈对数函数关系、控采后（III）阶段呈开口向下的二次函数关系、整体阶段呈三次函数关系，详见表 5-2、图 5-6。

表 5-2 累计开采量与中心累计沉降量函数关系表

阶段	控采前（I）阶段	控采前（II）阶段	控采后（III）阶段	整体阶段
数值关系	$L_{cn}=0.993e^{0.036P_n}$	$L_{cn}=0.284\ln(P_n)+0.762$	$L_{cn}=-0.001P_n^2+0.055P_n+0.894$	$L_{cn}=4\times10^{-5}P_n^3-0.003P_n^2+0.079P_n+0.873$
相关指数	0.9939	0.9489	0.9571	0.9954

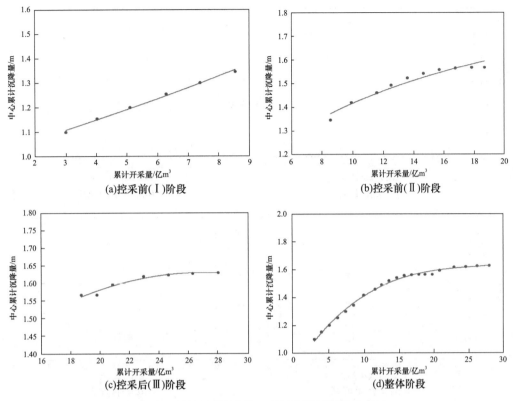

图 5-6　累计开采量与中心累计沉降量函数关系图

5.2.2　累计开采量与沉降面积的关系

控采前（Ⅰ）阶段为沉降面积发展期，累计开采量每增加 1 亿 m³，沉降面积增加 6.208km²，增幅 6.86%；控采前（Ⅱ）阶段为沉降面积加速期，累计开采量每增加 1 亿 m³，沉降面积增加 28.670km²，增幅 66.74%；控采后（Ⅲ）阶段为沉降面积稳定期，累计开采量每增加 1 亿 m³，沉降面积增加 2.811km²，增幅 3.58%。采用回归分析法对地下水累计开采量与沉降面积间关系进行探索，得到地下水累计开采量与沉降面积在控采前（Ⅰ）阶段呈底数为 e 的指数函数关系、控采前（Ⅱ）阶段呈斜率为 29.232 的线性函数关系、控采后（Ⅲ）阶段呈开口向下的二次函数关系、整体阶段呈三次函数关系，详见表 5-3、图 5-7。

表 5-3　累计开采量与沉降面积函数关系表

阶段	控采前（Ⅰ）阶段	控采前（Ⅱ）阶段	控采后（Ⅲ）阶段	整体阶段
数值关系	$S_{cn}=387.23e^{0.017P_n}$	$S_{cn}=29.232P_n+191.85$	$S_{cn}=-0.398P_n^2+21.032P_n+475.06$	$S_{cn}=-0.086P_n^3+3.562P_n^2-21.899P_n+444.09$
相关指数	0.9822	0.9921	0.9739	0.9889

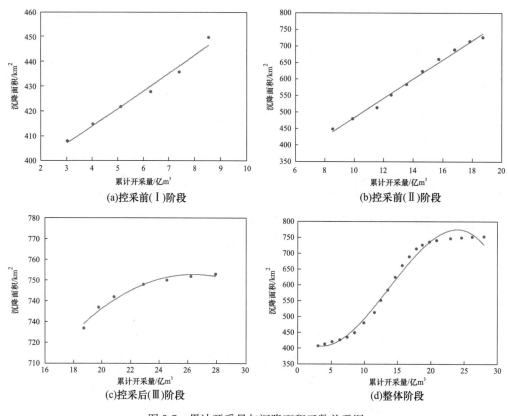

图 5-7　累计开采量与沉降面积函数关系图

5.2.3　累计开采量与漏斗面积的关系

　　由图 5-7 可知，漏斗面积在三个阶段中分别保持稳定波动的状态。Ⅰ、Ⅱ、Ⅲ阶段的漏斗面积分别稳定在 1600km²、1300km²、1800km²。但各阶段间过渡时会出现大速率的缩小或扩大，从控采前（Ⅰ）阶段至控采前（Ⅱ）阶段过渡时，累计开采量每增加 1 亿 m³，漏斗面积减小 83.102km²，减幅 18.75%；从控采前（Ⅱ）阶段至控采后（Ⅲ）阶段过渡时，累计开采量每增加 1 亿 m³，漏斗面积增大 96.101km²，增幅 38.46%。总体看来，1996—2016 年阜阳市地下水降落漏斗面积呈先减小后增大的趋势。

5.3　地下水超采与地面沉降多变量关系研究

　　利用量纲准则结合实测数据，等式两边取对数并进行最小二乘拟合，采用半经验半理论公式进行整体分析，得到累计开采量与漏斗面积及地面沉降量的多变量非线性响应关系，详见式 5-1、图 5-8。

$$\left(\frac{P_n}{S_{cn} \times L_{cn}}\right) = 2.0226 \left(\frac{P_n}{S_{ln} \times L_{cn}}\right) \tag{5-1}$$

　　由上式可知，累计开采量与沉降面积及中心累计沉降量的比值与累计开采量与漏斗面积及中心累计沉降量的比值呈幂函数关系，相关指数为 0.5992。

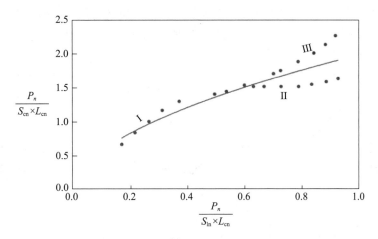

图 5-8　累计开采量与漏斗面积及地面沉降量函数关系图

控采后（Ⅲ）阶段，地下水开采得到有效控制，但地面沉降量仍在继续增大，且漏斗面积增速大于沉降面积增速，所以对于同一地下水开采量分别对应两个地面沉降量：控采前的地面沉降量、控采后的地面沉降量，且后者大于前者。故控采前（Ⅱ）阶段与控采后（Ⅲ）阶段的横坐标值在一定范围内有重叠、交叉的部分，纵坐标值缓慢增大。

通过分析研究可知，地下水超采与地面沉降时刻处于一种动态变化中，且地面沉降略滞后于地下水超采的变化，所以地下水超采与地面沉降的变化趋势在多年范围内呈"S形"曲线。

2011 年，各地积极实施地下水控采、限采方案，所以 2011 年是皖北地区典型城市地下水超采与地面沉降变化趋势的转折点。但由于地面沉降的滞后性和累进性，在地下水控采成效出现前，地面沉降随地下水开采量的逐年累计呈现出地面沉降发展期和地面沉降加速期；地下水控采效果明显显现后，地面沉降则随地下水年开采量的减小或不变而呈现地面沉降稳定期。

地下水超采在控采前后的三个阶段中分别处于加速期、发展期和稳定期，而沉降面积在控采前（Ⅰ）阶段处于发展期、控采前（Ⅱ）阶段处于加速期、控采后（Ⅲ）阶段处于稳定期，中心累计沉降量控采前（Ⅰ）阶段处于加速期、控采前（Ⅱ）阶段处于发展期、控采后（Ⅲ）阶段处于稳定期。中心累计沉降量与地下水超采的变化趋势基本一致，而沉降面积的变化略滞后于地下水超采的变化，说明地面沉降的垂向扩展对地下水超采的"反应"更灵敏。

5.4　地下水超采与水位埋深实测资料

地下水开采量与地下水水位关系密切，开采量的增加会导致地下水水位的下降。为建立地下水超采与水位埋深的量化关系，选取裂隙岩溶水典型超采城市淮北市和深层承压水典型超采城市宿州市、阜阳市为研究对象，根据其 2005—2017 年地下水开采量和降落漏斗中心水位埋深实测数据，采用回归分析法，分别构建了三个典型城市地下水超采与水位埋深互馈机理模型。采用 F 检验法对淮北市、阜阳市模型进行验证。为淮北地区的地下水资源管控提供理论依据，为预测地下水降落漏斗区的水位变化及发展趋势奠定基础。

淮北市、宿州市、阜阳市 2005—2017 年地下水超采与水位埋深的动态变化趋势分别见图 5-9～图 5-11。

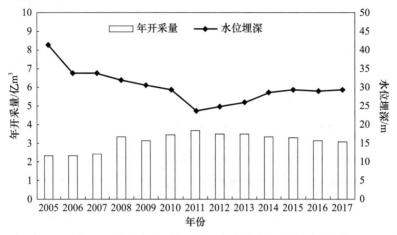

图 5-9　淮北市地下水开采量与水位埋深变化趋势

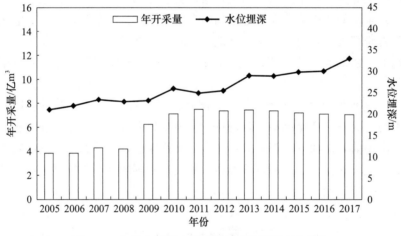

图 5-10　宿州市地下水开采量与水位埋深变化趋势

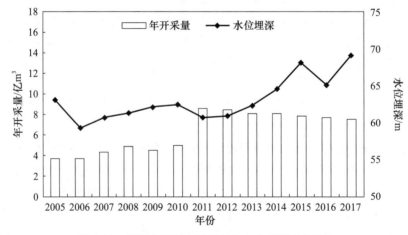

图 5-11　阜阳市地下水开采量与水位埋深变化趋势

本研究以地下水累计开采量为输入变量，以漏斗中心的水位埋深为输出变量，建立回归模型：$H=f(P_n)$。其中，P_n 代表至第 n 年累计开采量，单位为 m^3；H 代表第 n 年漏斗中心的水位埋深，单位为 m。

5.5　阜阳市地下水超采与水位埋深的关系

5.5.1　开采量与水位埋深的动态变化趋势

由图 5-11 可知，阜阳市 2005—2017 年地下水开采量呈先增后减趋势，2011 年呈井喷式增长。阜阳市 2005—2017 年漏斗中心水位埋深总体呈波动式加深趋势，其中 2006 年、2011 年和 2016 年呈急剧变浅趋势。2011 年之前，地下水开采量年平均增长速率为 0.24 亿 m^3/a、增长幅度为 32.88%，2011 年之后，地下水开采量年平均减少速率为 $0.17m^3/a$、增长幅度为 11.84%。2006 年、2011 年和 2016 年的漏斗中心水位埋深变浅幅度分别为 6.13%、3.03% 和 4.47%；2006—2010 年的水位埋深年平均加深速率为 0.83m/a、加深幅度为 5.61%，2011—2015 年间的水位埋深年平均加深速率为 1.87m/a、加深幅度为 12.33%。

2011 年之前，地下水年开采量呈增大趋势，2011 年之后，地下水年开采量得到有效控制并逐渐趋于稳定，但 2005—2017 年的水位埋深却整体处于加深状态，且 2011 年之后的加深速率高于 2011 年之前。考虑阜阳市多年来大规模、高强度的地下水开采，且该区相较于宿州市而言，补给条件相对较差，故在与宿州市累计开采量相差无几的情况下，阜阳市漏斗中心水位埋深更深。

5.5.2　累计开采量与水位埋深互馈机理模型的选取

采用回归分析法对阜阳市 2005—2017 年地下水开采量与漏斗中心水位埋深数据资料进行分析研究后发现，阜阳市地下水累计开采量与水位埋深的散点图是非线性的，且与常见的可化为线性方程的非线性方程的图形形状不相同，故为阜阳市的地下水超采与水位埋深关系选取多项式回归模型。详见表 5-4。

表 5-4　地下水累计开采量与水位埋深回归模型统计表

函数类型	次数	数学关系	相关指数
二次函数	2	$H=0.002P_n^2-0.0947P_n+62.092$	0.7695
三次函数	3	$H=-4\times10^{-6}P_n^3+0.0026\,P_n^2-0.114P_n+62.263$	0.7697
四次函数	4	$H=-8\times10^{-7}P_n^4+0.0001\,P_n^3-0.0058P_n^2+0.0684P_n+61.142$	0.7733
五次函数	5	$H=-5\times10^{-8}P_n^5+1\times10^{-5}\,P_n^4-0.0008\,P_n^3+0.0271\,P_n^2-0.4313\,P_n+63.515$	0.7786
六次函数	6	$H=1\times10-8P_n^6-4\times10-6\,P_n^5+0.0004\,P_n^4-0.0215\,P_n^3+0.5511\,P_n^2-6.4488\,P_n+86.97$	0.9559

由表 5-4 可知，根据阜阳市地下水累计开采量与水位埋深散点图可建立多个不同的多项式回归模型，且相关指数随着次数的增大而增大。但是，次数较高的多项式振动大、不稳定。因此，本研究最终选取二次多项式作为能够较好反映阜阳市地下水超采与

水位埋深互馈机理模型，详见式 5-2、图 5-12。

$$H=0.002P_n^2-0.0947P_n+62.092 \qquad (5-2)$$

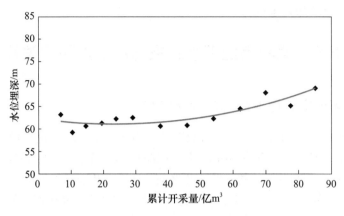

图 5-12　阜阳市地下水超采与水位埋深函数关系图

5.5.3　累计开采量与水位埋深互馈机理模型的验证与优化

若统计量 $F>F_\alpha$ $(a，(n-a-1))$（α 为给定的显著性水平），则 a 次多项式是合理的；反之，则考虑 $a+1$ 次多项式。其中，n 表示样本数量；a 表示多项式的次数；R^2 为相关指数；F 服从自由度为 $(a，n-a-1)$ 的 F 分布，见式 5-3。

$$F=\frac{(n-a-1)\ R^2}{a\ (1-R^2)} \qquad (5-3)$$

由上表可知，当次数 $a=2$ 时，相关指数 $R^2=0.7695$，则：

$$F=\frac{(n-a-1)\ R^2}{a\ (1-R^2)}=\frac{(13-2-1)\ \times 0.7695}{2\times\ (1-0.7695)}=16.69$$

查 F 分布表可知，$\alpha=0.001$ 时，F_α $(a，(n-a-1))=F_{0.001}$ $(2，10)=14.91$。F_α $(a，(n-a-1))<F$，故取 $a=2$ 次的多项式作为互馈机理模型是合理的，即阜阳市地下水超采与水位埋深互馈机理模型的选取是合理的。

针对上式中得到的阜阳市地下水超采与水位埋深互馈机理模型，相关指数为 0.7695，相对较低，故采取剔除异常点的方法对已得模型进行优化。异常点的计算结果见图 5-13。

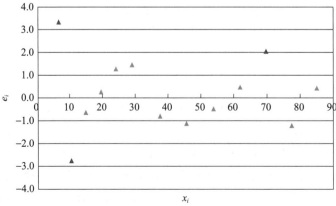

图 5-13　地下水超采与水位埋深互馈机理模型异常点的计算结果图

由图 5-13 可知，当 $i=1$，2，11 时，数据点（x_i，e_i）介于带形域 $-2 < e_i < 2$ 之外。故本模型所对应的异常点为（x_1，y_1）（x_2，y_2）（x_{11}，y_{11}）。剔除这 3 个异常点，对阜阳市地下水超采与水位埋深重新进行回归分析，得到优化后的回归模型见式 5-4、图 5-14。其中，相关指数可达 0.8657，明显高于优化之前模型的 0.7695。

$$H = 0.0024P_n^2 - 0.1407P_n + 63.19 \tag{5-4}$$

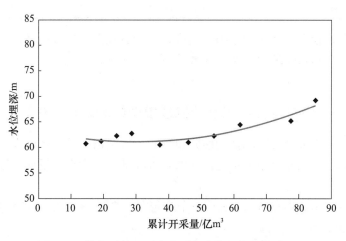

图 5-14　优化后的地下水超采与水位埋深函数关系图

5.6　宿州市地下水超采与水位埋深的关系

5.6.1　开采量与水位埋深的动态变化趋势

由图 5-10 可知，宿州市 2005—2017 年地下水开采量呈先急剧增长后趋于平缓的趋势，但漏斗中心水位埋深逐年加深。2009 年是地下水开采量变化趋势的转折点。2009 年之前，地下水开采量年平均增长速率 0.61 亿 m^3/a、增大幅度 62.95%，2009 年之后，地下水开采量年平均增长速率 0.09 亿 m^3/a、增大幅度 12.24%。漏斗中心水位埋深多年平均加深速率 1.0m/a、加深幅度 57.08%。

2011 年之前，地下水年开采量呈增大趋势；2011 年之后，地下水年开采量趋于稳定波动状态，但 2005—2017 年的水位埋深却一直处于缓慢加深趋势。宿州市多年地下水开采水量的 70% 以上均开采于市区西南部，历史欠账太多，导致部分含水层疏干，所以目前即使控制住了地下水年开采量，水位埋深依然继续加深。

5.6.2　累计开采量与水位埋深互馈机理模型的选取

采用回归分析法对宿州市 2005—2017 年地下水开采量与漏斗中心水位埋深数据资料进行分析研究后发现，宿州市地下水累计开采量与水位埋深的散点图是非线性的，且与常见的可化为线性方程的非线性方程的图形形状相似。根据该散点图可建立多个相似的非线性回归模型，见表 5-5。

表 5-5　地下水累计开采量与水位埋深回归模型统计表

函数类型	数学关系	相关指数
指数函数	$H=20.808\mathrm{e}^{0.0052P_n}$	0.9523
线性函数	$H=0.1384P_n+20.361$	0.9492
对数函数	$H=4.2489\ln(P_n)+11.329$	0.8444
幂函数	$H=14.632P_n^{0.1638}$	0.8769

依据相关指数较大者为优的原则，选取相关指数较高的指数函数作为能够较好反映宿州市地下水超采与水位埋深关系的函数关系式，详见式 5-5。

$$H=20.808\mathrm{e}^{0.0052P_n} \tag{5-5}$$

5.6.3　累计开采量与水位埋深互馈机理模型的验证与优化

根据散点图建立多个形状相似的回归模型时，可根据相关指数的大小选出较优的回归模型，但所选的回归模型不一定是最优的，剔除部分异常点后反而可以求解出更优化的回归模型。

所谓异常点即是数据点 (x_i, e_i) 介于带形域 $-2<e_i<2$ 之外的点所对应的 (x_i, y_i)。e_i 表达式见式 5-6。

$$e_i=\frac{y_i-\hat{y}_i}{\sqrt{\dfrac{\sum\limits_{i=1}^{n}(y_i-\hat{y}_i)^2}{n-2}}} \tag{5-6}$$

针对选取的宿州市地下水超采与水位埋深函数关系式，异常点的计算结果见图 5-15。

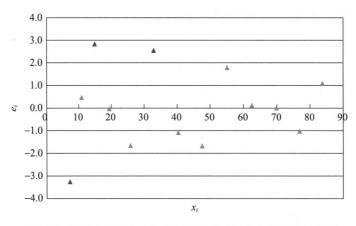

图 5-15　地下水超采与水位埋深回归模型异常点的计算结果图

由图 5-15 可知，当 $i=1、3、6$ 时，数据点 (x_i, e_i) 介于带形域 $-2<e_i<2$ 之外。故本模型所对应的异常点为 (x_1, y_1) (x_3, y_3) (x_6, y_6)。剔除这 3 个异常点，对宿州市地下水超采与水位埋深重新进行回归分析，得到优化后的互馈机理模型，见式 5-7、图 5-16。其中，式 5-7 所对应的复相关指数达 0.9635，高于优化之前模型的 0.9523。

$$H=20.502\mathrm{e}^{0.0054P_n} \tag{5-7}$$

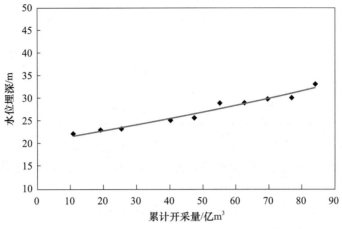

图 5-16　优化后的地下水超采与水位埋深函数关系图

5.7　淮北市地下水超采与水位埋深的关系

5.7.1　开采量与水位埋深的动态变化趋势

由图 5-9 可知，淮北市 2005—2017 年地下水开采量呈先增大后减小的趋势，但漏斗中心水位埋深呈现出先变浅后加深的趋势。2011 年是开采量和水位埋深变化趋势的转折点。2011 年之前，地下水开采量年平均增长速率 0.23 亿 m³/a、增大幅度 57.94%，漏斗中心水位埋深年平均变浅速率 2.98m/a、变浅幅度 43%；2011 年之后，地下水开采量年平均减小速率 0.1 亿 m³/a、减小幅度 16.3%，漏斗中心水位埋深年平均加深速率 0.96m/a、加深幅度 24.23%。

2011 年之前，地下水年开采量呈增大趋势，水位埋深逐年变浅；2011 年之后，地下水年开采量逐年减小，水位埋深却由于历史累积原因及水位"记忆"滞后效应而缓慢加深。考虑淮北地区裂隙岩溶水具有补给范围广、传输调蓄能力强等特点，裂隙岩溶水典型超采区淮北市 2005—2017 年的水位埋深整体呈变浅趋势。

5.7.2　累计开采量与水位埋深互馈机理模型的选取

地下水超采导致地下水水位持续下降，二者之间存在相关关系。采用回归分析法对淮北市 2005—2017 年地下水开采量与漏斗中心水位埋深数据资料进行分析研究后发现，淮北市地下水累计开采量与水位埋深的散点图是非线性的，且与常见的可化为线性方程的非线性方程的图形形状不相同，故选取多项式来表示淮北市地下水超采与水位埋深的相关关系。详见表 5-6。

表 5-6　地下水累计开采量与水位埋深互馈机理模型统计表

函数类型	次数	数学关系	相关指数
二次函数	2	$H = 0.0238P_n^2 - 1.3246P_n + 44.378$	0.8543
三次函数	3	$H = -0.0005P_n^3 + 0.0574P_n^2 - 1.9825P_n + 47.588$	0.873

函数类型	次数	数学关系	相关指数
四次函数	4	$H=-3\times10^{-5}P_n^4+0.002P_n^3-0.021P_n^2-1.0618P_n+44.401$	0.8788
五次函数	5	$H=-7\times10^{-6}P_n^5+0.0008P_n^4-0.0331^3P_n+0.6485P_n^2-6.5578P_n+59.211$	0.9159
六次函数	6	$H=1\times10^{-6}P_n^6-0.0001P_n^5+0.0081P_n^4-0.2261P_n^3+3.2323P_n^2-22.681P_n+94.806$	0.9768

由表 5-6 可知，根据淮北市地下水累计开采量与水位埋深散点图可建立多个不同的多项式模型，且相关指数随着次数的增大而增大。但是，次数较高的多项式振动大、不稳定。

因此，本研究最终选取二次多项式作为能够较好反映淮北市地下水超采与水位埋深关系的函数关系式，详见式 5-8。

$$H=0.0238P_n^2-1.3246P_n+44.378 \tag{5-8}$$

5.7.3 累计开采量与水位埋深互馈机理模型的验证与优化

由上述分析可知，阜阳市地下水超采与水位埋深互馈机理模型为多项式模型，故首先根据统计量 F 分布对多项式次数进行验证。

由表 5-6 可知，当次数 $a=2$ 时，相关指数 $R^2=0.8543$，则

$$F=\frac{(n-a-1)\ R^2}{a\ (1-R^2)}=\frac{(13-2-1)\ \times0.854}{2\times\ (1-0.854)}=29.25$$

查 F 分布表可知，$\alpha=0.001$ 时，$F_\alpha\ (a,\ (n-a-1))=F_{0.001}\ (2,\ 10)=14.91$。$F_\alpha\ (a,\ (n-a-1))<F$，故取 $a=2$ 次的多项式作为互馈机理模型是合理的，即淮北市地下水超采与水位埋深函数关系式的选取是合理的。

在 $\alpha=0.001$ 的水平上，阜阳市、淮北市地下水开采与水位埋深互馈机理模型的验证结果符合精度要求；剔除异常点之后，阜阳市、宿州市的地下水开采与水位埋深互馈机理模型可以取得更高相关性。阜阳市地下水超采与水位埋深呈开口向上的二次函数关系，相关指数为 0.8657；宿州市地下水超采与水位埋深呈指数函数关系，相关指数为 0.9635；淮北市地下水超采与水位埋深呈开口向上的二次函数关系，相关指数为 0.8543（图 5-17）。

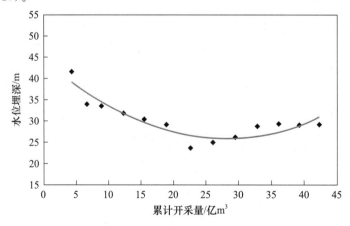

图 5-17　淮北市地下水超采与水位埋深函数关系图

进一步剖析上述研究结果并结合近年地方上地下水开采、控采的实际情况后分析结果如下：

①2011年，各地积极实施地下水控采、限采方案，所以淮北、宿州、阜阳市2005—2017年的地下水开采量与水位埋深变化趋势以2011年为转折点。

②淮北市地下水开采量在2011年之前呈增大趋势，2011年之后逐年减小；水位埋深2011年之前逐年变浅，2011年之后却由于历史累积原因及水位"记忆"滞后效应而缓慢加深。由于淮北地区裂隙岩溶水具有补给范围广、传输调蓄能力强等特点，所以裂隙岩溶水典型超采城市淮北市漏斗中心水位埋深相对较浅，且该区2005—2017年的水位埋深整体呈变浅趋势。

③宿州市地下水开采量在2011年之前处于增长状态，2011年之后缓慢减小；水位埋深在2005—2017年一直处于增长状态，但2011年之后增速小于2011年之前。阜阳市的地下水开采量在2011年之前呈增大趋势，2011年之后得到有效控制并逐渐趋于稳定，但水位埋深却整体处于加深状态且2011年之后的加深速率高于2011年之前。宿州市、阜阳市主要开发利用孔隙承压水，但由于历史欠账太多，导致部分含水层疏干，地下水循环再生功能减弱，所以即使该区地下水超采得到有效控制但水位埋深依然以一种较大的速度逐渐加深，且阜阳市水位埋深加深速率高于宿州市。

6 地下水水位适宜管控阈值研究

从水文地质条件及开发利用情况上分析，淮北地区可分为东部和西部两个部分：东部面积约 14370km²，除北部萧县和砀山县第四系和新近系松散层发育厚度 200～600m 以外，其余松散层较薄，厚度 50～300m；西部主要包括亳州和阜阳两市的大部分地区和淮南的凤台县，面积 18863km²，松散孔隙层发育厚度 200～1200m，具多层结构。对于深层地下水的开采主要分布在淮北平原西部，特别是阜阳与亳州两地。本文以阜阳为例建立数值模拟模型，对其地下水水位和水量进行较深入的分析与探讨。

6.1 地下水数值模型

6.1.1 水文地质概念模型

以阜阳市行政区范围为模拟区范围，包括界首市和太和、临泉、颍上、阜南 4 县及颍州、颍泉、颍东 3 区，总面积 9775km²（图 6-1）。

图 6-1 模拟区范围

全区几乎为松散岩类孔隙含水岩组所覆盖，一般厚 400～1000m，以埋深 40m 且分布稳定之黏性土为界，大致可分为浅层和深层两个部分（图 6-2）。浅层大部分由上更新统亚黏土、亚砂土、粉砂和细砂组成，浅层地下水一般为潜水；深层含水层由上第三系—中下更新统黏性土、砂及半固结钙泥质砂砾层组成，具承压性质，将深层地下水分为深层一含与深层二含两部分；40～150m 深度内砂层厚度多为 0～40m。为此，综合区域水文地质条件，将模拟区概化为 3 个含水岩组和两个隔水岩组（局部为弱透水层），第四系含水层底部作为含水层的隔水底板。

结合模拟区范围的确定条件，将模拟区边界条件全部定为一类给定水头边界。

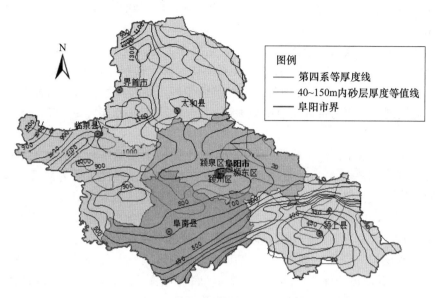

图 6-2　第四系厚度等值线示意图

6.1.2　数学模型

现状条件下，浅层地下水主要用于农田灌溉，多年调节情况下基本处于均衡状态（枯水年略偏均衡）；深层一含与二含则多处于负均衡状态，特别在水源地周边，但模拟区内地下水主要为层流，渗流符合达西定律，开采条件下，地下水水流等各要素随时间将发生变化，为非稳定流。为此，将模拟区地下水流概化为非均质各向同性非稳定二维地下水流系统，并依据水文地质概念模型，建立相应的数学模型，见式6-1。

$$
\begin{cases}
\dfrac{\partial}{\partial_x}\left(F\dfrac{\partial_h}{\partial_x}\right)+\dfrac{\partial}{\partial_y}\left(F\dfrac{\partial_h}{\partial_y}\right)+W=E\dfrac{\partial_h}{\partial_t} \\
H\left(x,\,y,\,t\right)\mid_{t=0}=H_0\left(x,\,y\right),\,(x,\,y)\in D \\
H\left(x,\,y,\,t\right)\mid_{\Gamma=1}=H_1\left(x,\,y,\,t\right),\,(x,\,y)\in \Gamma_1
\end{cases}
\tag{6-1}
$$

其中，$F=\begin{cases}KM & 承压含水层 \\ K\left(h-z\right) & 潜水含水层\end{cases}$　$E=\begin{cases}\mu^* & 承压含水量 \\ \mu & 潜水含水量\end{cases}$，

式中：K—含水层的渗透系数（m/d）；h—地下水水位（m）；M—承压含水层厚度（m）；z—潜水含水层底板（m）；W—单位体积流量，用以代表流进源或流出汇的水量；μ—给水度；μ^*—弹性释水系数；H_0—初始水位（m）；t—时间（d）；D—模拟区范围；Γ_1——类边界。

6.1.3　数值模型

根据地下水埋藏条件、水力特征及其与大气降水、地表水的关系自上而下划分为浅层地下水和深层地下水。浅层地下水赋存于50m以上的全新统、晚更新统地层中，与大气降水、地表水关系密切，按上下关系可称其为第一含水层组；深层地下水赋存于50m以下的地层中，与大气降水、地表水关系不密切。根据水文地质结构和目前开采现

状，将深层地下水划分为两个含水层组，即第二含水层组和第三含水层组（也称为深层一含、深层二含）。

第一含水层组（浅层，埋深小于50m）主要由上更新统与全新统组成，广布全区，埋藏于50m以上。与大气降水、地表水关系密切。含水砂层顶板埋深4.0～17.6m，底板埋深7.5～48.5m。岩性主要为灰黄、棕黄色粉砂，结构松散，分选性较好。砂层厚度受古河道控制，古河道带砂层厚度最大可达16m。单井涌水量148～2579m³/d，水位埋深1.05～4.97m。

第二含水层组（中深层，埋深50～150m）主要由第四系中、下更新统组成，含水砂层顶板埋深49.7～100.9m，底板埋深118.0～147.0m。岩性主要为灰黄、棕黄、青灰色细砂、粉细砂、中细砂。其结构松散，分选性较好，一般发育有4～11层，累计厚度18.2～38.1m，单井涌水量761～2557m³/d。分布于该含水层组中的黏性土层含水微弱，透水性差，压缩性强，是引起阜阳市地面沉降的主要压缩层。

第三含水层组（深层，埋深150～500m）由晚第三系上部地层组成，埋深150～500m。含水砂层顶板埋深147.5～175.7m，底板埋深在500m左右，岩性主要为青灰色、灰白色、灰黄色中砂、中细砂、细砂及粉砂，结构松散，分选性一般，发育有5～9层，砂层累计厚度28.3～60.7m，局部呈半固结状。单井涌水量1514～3570m³/d。

平面上，降水入渗补给是该区浅层地下水的补给来源之一，排泄则以潜水蒸发和地下水开采为主，因此大气降水、蒸发和地下水开采是模拟区内主要的源汇项，地表水体与地下水之间的补排关系根据水力联系及水头差来确定。选取模拟期内的降水、蒸发逐月统计数据开展分析，因模拟区面积较大，计算过程中考虑降水入渗补给系数、蒸发及埋深等的空间变化特征（图6-3）。

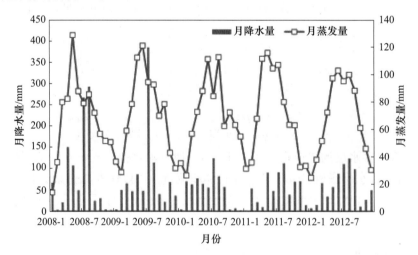

图6-3　模拟期降水蒸发过程线

为平面上控制区域地下水流场变化特征，结合地下水长观孔资料收集情况，确定模拟区的观测井分布如图6-4所示。其中，浅层观测井较多，共有31个，深层一含12个，深层二含5个。

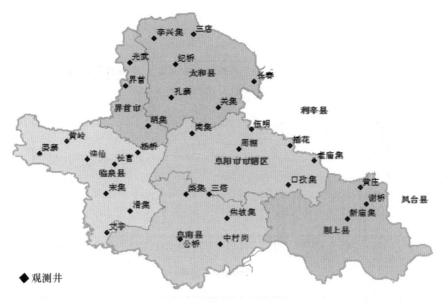

图 6-4　观测井分布示意图

6.1.4　模型识别

1. 水位拟合分析

模型建立后，利用模型模拟期的观测孔水位和平面数据，对数学模型进行识别，使数学模型与实际的水文地质条件相符。运行模型后，通过比较地下水观测井处的计算水位和观测水位，采用试错法调整模型参数，最终得到了较为理想的模型识别结果，水位拟合结果如图 6-5～图 6-7 所示。因 3 个含水层共选取了 25 个观测孔，受篇幅限制，仅列出具有代表性的几个观测孔拟合数据。由过程线拟合情况可以看出，计算值与拟合值趋势一致，且误差小于 5％，数据基本在 95％置信区间内，拟合效果较为理想，基本能满足拟合精度要求。

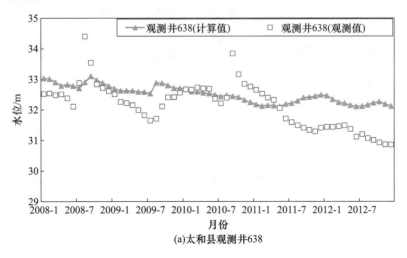

(a)太和县观测井638

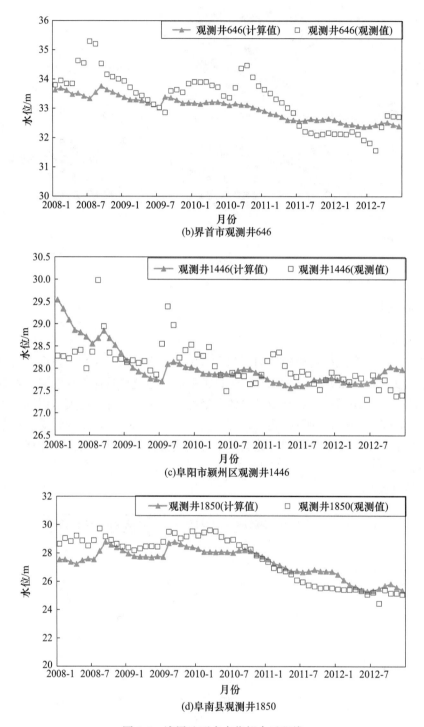

(b)界首市观测井646

(c)阜阳市颍州区观测井1446

(d)阜南县观测井1850

图6-5 浅层地下水水位拟合过程线

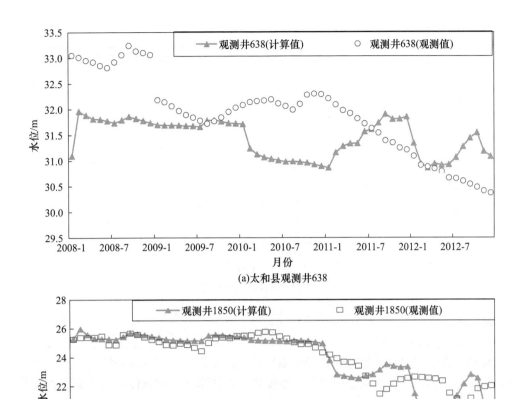

(a)太和县观测井638

(b)阜南县观测井1850

图 6-6 深层一含地下水水位拟合过程线

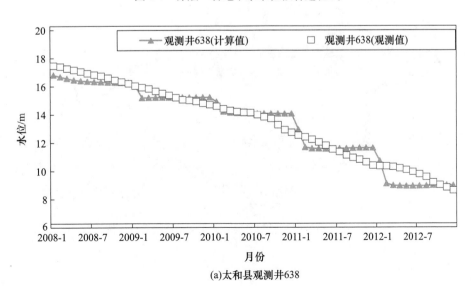

(a)太和县观测井638

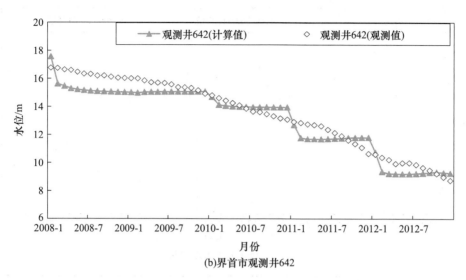

(b)界首市观测井642

图 6-7　深层二含地下水水位拟合过程线

2. 参数拟合结果分析

　　模拟区含水层渗透系数与弹性释水系数的空间变化对地下水流场的形态具有较大影响，因此将其作为重要的调参率对象。根据研究区的水文地质条件，经模型识别得到模拟区的参数分区及参数值如表 6-1 和图 6-8 所示。模拟区内深层二含含水层分布较均质，渗透系数 48.1m/d，弹性释水系数 6.7E-5。

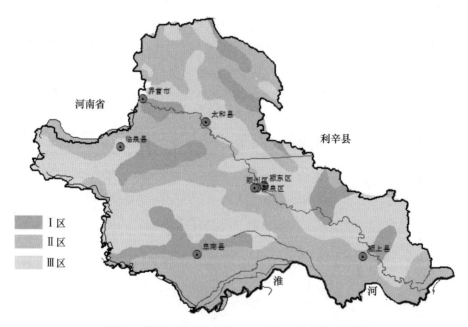

图 6-8　模拟区浅层与深层一含水文地质参数分区图

表 6-1 浅层与深层一含不同分区参数取值表

参数		分区编号		
浅层	渗透系数/（m·d）	14.3	23.9	9.5
	给水度	0.2	0.16	0.14
中深层	渗透系数/（m·d）	23.87	18.65	8.60
	弹性释水系数	3.5E-5	3.0E-5	1.6E-5

参数取值基本与模拟区内水文地质条件，特别是含水岩组一致，概化的水文地质概念模型基本可以反映实际情况。因此，概化的数学模型基本合理，可以用于相应的预测与评价，并可以用其计算数据反映研究区未来的地下水特征。

6.2 地下水水位适宜管控阈值构建

6.2.1 基本单元

安徽省区域性地下水水位控制指标以县级行政区为基本单元。存在地下水超采区的，采用县级行政区嵌套超采区与未超采区作为基本单元。淮北地区地下水水位控制指标划定涉及 6 个地级行政区 25 个县级行政区，共划分 47 个工作基本单元，其中未超采区 21 个，超采区 26 个工作单元。

根据地下水埋藏深度、含水介质类型和超采状况，对 47 个工作单元进行编号，工作单元编号表示含义见表 6-2。

表 6-2 地下水水位控制指标工作单元概况一览表

地下水埋藏条件	超采（载）情况	开采量变化情况	工作单元/个
浅层地下水	未超采区	开采量减少	18
		开采量稳定	3
	超采区	开采量减少	15
深层承压水	超采区	开采量减少	10
	超载区	开采量减少	1
合计			47

6.2.2 监测井选用情况

安徽省现有监测井 939 眼，其中水利监测井 569 眼，自然资源监测井 370 眼，主要分布在淮北地区。根据工作需要选择监测井 614 眼，其中水利监测井 565 眼，自然资源监测井 49 眼。其中，深层承压水监测井 23 眼，其他为浅层地下水监测井（表 6-3）。

表6-3 淮北地区各县级行政区工作单元

省级行政区	地级行政区	县级行政区	县级行政区编码	工作单元编号	工作单元名称	工作单元类型	工作单元地下水类型	工作单元面积/km²	监测井数量/眼
安徽省	蚌埠市	固镇县	340323	蚌埠市固镇县-03	固镇县小型孔隙浅层地下水一般超采区	超采区	浅层地下水	71	2
安徽省	蚌埠市	固镇县	340323	蚌埠市固镇县-01	固镇县浅层地下水未超采区	未超采区	浅层地下水	1370	17
安徽省	蚌埠市	怀远县	340321	蚌埠市怀远县-01	怀远县浅层地下水未超采区	未超采区	浅层地下水	2157	10
安徽省	蚌埠市	五河县	340322	蚌埠市五河县-01	五河县浅层地下水未超采区	未超采区	浅层地下水	1204	11
安徽省	亳州市	利辛县	341623	亳州市利辛县-05	利辛县小型孔隙第三承压水一般超采区	超采区	深层承压水	24.1	1
安徽省	亳州市	利辛县	341623	亳州市利辛县-01	利辛县浅层地下水未超采区	未超采区	浅层地下水	1950	14
安徽省	亳州市	蒙城县	341622	亳州市蒙城县-03	蒙城县小型孔隙浅层地下水一般超采区	超采区	浅层地下水	45.7	6
安徽省	亳州市	蒙城县	341622	亳州市蒙城县-05	蒙城县中型孔隙第三承压水一般超采区	超采区	深层承压水	2091	0
安徽省	亳州市	蒙城县	341622	亳州市蒙城县-01	蒙城县浅层地下水未超采区	未超采区	浅层地下水	2045.2	25
安徽省	亳州市	谯城区	341602	亳州市谯城区-03	谯城区中型孔隙浅层地下水一般超采区	超采区	浅层地下水	125.9	12
安徽省	亳州市	谯城区	341602	亳州市谯城区古井镇-03	谯城区古井镇小型孔隙浅层地下水一般超采区	超采区	浅层地下水	37.5	3
安徽省	亳州市	谯城区	341602	亳州市谯城区-05	谯城区孔隙第三承压水超采区	超采区	深层承压水	2226	2
安徽省	亳州市	谯城区	341602	亳州市谯城区-01	谯城区浅层地下水未超采区	未超采区	浅层地下水	2062.6	48
安徽省	亳州市	涡阳县	341621	亳州市涡阳县-03	涡阳县中型孔隙浅层地下水一般超采区	超采区	浅层地下水	112.2	4
安徽省	亳州市	涡阳县	341621	亳州市涡阳县-05	涡阳县小型孔隙第三承压水一般超采区	超采区	深层承压水	2107	1
安徽省	亳州市	涡阳县	341621	亳州市涡阳县-01	涡阳县浅层地下水未超采区	未超采区	浅层地下水	1994.8	30
安徽省	阜阳市	阜南县	341225	阜阳市阜南县-01	阜南县浅层地下水未超采区	未超采区	浅层地下水	1688	10
安徽省	阜阳市	阜南县	341225	阜阳市阜南县-05	阜南县小型孔隙第三承压水一般超采区	新增超载范围	深层承压水	1688	1
安徽省	阜阳市	界首市	341282	阜阳市界首市-05	界首市小型孔隙第三承压水一般超采区	超采区	深层承压水	667	2
安徽省	阜阳市	界首市	341282	阜阳市界首市-01	界首市浅层地下水未超采区	未超采区	浅层地下水	667	19

续表

省级行政区	地级行政区	县级行政区	县级行政区编码	工作单元编号	工作单元名称	工作单元类型	工作单元地下水类型	工作单元面积/km²	监测井数量/眼
安徽省	阜阳市	临泉县	341221	阜阳市临泉县-03	临泉县区小型孔隙浅层地下水一般超采区	超采区	浅层地下水	33.2	3
安徽省	阜阳市	临泉县	341221	阜阳市临泉县-05	临泉县中型孔隙第三承压水一般超采区	超采区	深层承压水	1818	2
安徽省	阜阳市	临泉县	341221	阜阳市临泉县-01	临泉县浅层孔隙地下水未超采区	未超采区	浅层地下水	1784.8	24
安徽省	阜阳市	市区	341201	阜阳市区-03	阜阳市区小型孔隙浅层地下水一般超采区	超采区	浅层地下水	750	15
安徽省	阜阳市	市区	341201	阜阳市区-05	阜阳市区孔隙第三承压水一般超采区	超采区	深层承压水	1924	8
安徽省	阜阳市	市区	341201	阜阳市区-01	阜阳市区浅层地下水未超采区	未超采区	浅层地下水	1174	19
安徽省	阜阳市	太和县	341222	阜阳市太和县-03	太和县小型孔隙浅层地下水一般超采区	超采区	浅层地下水	85.1	2
安徽省	阜阳市	太和县	341222	阜阳市太和县-05	太和县中型孔隙第三承压水一般超采区	超采区	深层承压水	1820	1
安徽省	阜阳市	太和县	341222	阜阳市太和县-01	太和县浅层孔隙地下水未超采区	未超采区	浅层地下水	1734.9	18
安徽省	阜阳市	颍上县	341226	阜阳市颍上县-03	颍上县小型孔隙浅层地下水一般超采区	超采区	浅层地下水	56.6	1
安徽省	阜阳市	颍上县	341226	阜阳市颍上县-05	颍上县孔隙第三承压水一般超采区	超采区	深层承压水	1859	1
安徽省	阜阳市	颍上县	341226	阜阳市颍上县-01	颍上县浅层孔隙地下水未超采区	未超采区	浅层地下水	1802.4	16
安徽省	淮北市	市区	340601	淮北市区-04	淮北市区小型隐伏型岩溶水一般超采区	超采区	浅层地下水	90.37	7
安徽省	淮北市	市区	340601	淮北市区-02	淮北市区浅层地下水未超采区	未超采区	浅层地下水	556.2	20
安徽省	淮北市	濉溪县	340621	淮北市濉溪县-04	濉溪县小型隐伏型岩溶水一般超采区	超采区	浅层地下水	33.43	3
安徽省	淮北市	濉溪县	340621	淮北市濉溪县-02	濉溪县浅层地下水未超采区	未超采区	浅层地下水	1948.57	30
安徽省	淮南市	凤台县	340421	淮南市凤台县-01	凤台县浅层孔隙地下水未超采区	未超采区	浅层地下水	1050	10
安徽省	宿州市	砀山县	341321	宿州市砀山县-05	砀山县浅层孔隙第三承压水未超采区	未超采区	深层承压水	1197	4
安徽省	宿州市	砀山县	341321	宿州市砀山县-01	砀山县浅层地下水未超采区	未超采区	浅层地下水	1197	25
安徽省	宿州市	灵璧县	341323	宿州市灵璧县-04	灵璧县小型隐伏型岩溶水一般超采区	超采区	浅层地下水	37.2	2
安徽省	宿州市	灵璧县	341323	宿州市灵璧县-02	灵璧县浅层地下水未超采区	未超采区	浅层地下水	2086.8	20
安徽省	宿州市	泗县	341324	宿州市泗县-03	泗县小型孔隙浅层地下水一般超采区	超采区	浅层地下水	32	4

续表

省级行政区	地级行政区	县级行政区	县级行政区编码	工作单元编号	工作单元名称	工作单元类型	工作单元地下水类型	工作单元面积/km²	监测井数量/眼
安徽省	宿州市	泗县	341324	宿州市泗县-01	泗县浅层地下水未超采区	未超采区	浅层地下水	1825	19
安徽省	宿州市	萧县	341322	宿州市萧县-04	萧县小型隐伏型岩溶水一般超采区	超采区	浅层地下水	23.6	3
安徽省	宿州市	萧县	341322	宿州市萧县-02	萧县浅层地下水未超采区	未超采区	浅层地下水	1521.4	36
安徽省	宿州市	埇桥区	341302	宿州市埇桥区-03	埇桥区中型孔隙浅层地下水一般超采区	超采区	浅层地下水	185.8	9
安徽省	宿州市	埇桥区	341302	宿州市埇桥区-02	埇桥区浅层地下水未超采区	未超采区	浅层地下水	2423.2	27
备注	工作单元编号 01 为表示浅层未超采区孔隙水；工作单元编号 03 为表示浅层超采区孔隙水；工作单元编号 04 为表示浅层未超采区岩溶水；工作单元编号 02 为表示浅层未超采区孔隙水；工作单元编号 05 为表示深层超采区孔隙水								

6.2.3　地下水水位阈值指标研究方法和思路

6.2.3.1　水位阈值指标研究思路

1. 考虑地下水类型和地下水开采状况

根据地下水埋藏深度、含水介质类型和超采状况，对 47 个工作单元进行分类编号。在此基础上，分浅层地下水和深层承压水、超采区和未超采区，以及未来开采量稳定或减少区域，分别采用合适的方法确定相应工作单元的水位指标。

2. 浅层地下水

根据现状地下水是否超采以及未来开采量开采状况，将工作单元内的浅层地下水分别划分为超采区与未超采区、开采量稳定与开采量减少区。

对于未超采区，因浅层地下水水位受降水波动影响显著（受入渗补给时间、岩性等因素的影响，时间上略有滞后），因此对于未来地下水开采量变化不大的地区，地下水水位控制指标确定原则是将多年平均地下水水位直接定为平水年情景下的目标年地下水水位控制指标，丰、枯年情景则综合考虑现状埋深、年均水位变差幅度，以及历史最小、历史最大埋深确定。

对于超采区，2020—2025 年浅层地下水超采区的开采量全部实施压采。因此，浅层地下水超采区工作单元未来地下水均为开采量减少区。在采用近 10 年水位系列确定现状年水位变差基础上，首先根据降水比例法确定不同来水条件下的水位变差，再采用年度超采量比例法确定逐年水位控制指标。

3. 深层承压水

深层承压水主要受开采量影响，与大气降水关系不显著，本次确定目标年水位控制指标时不再考虑连丰、连枯和平水年情景，即目标年连丰、连枯和平水年埋深控制指标相等。

未来深层承压水开采量逐步压采，开采量减少，若工作单元内现状水位变差大于零（即地下水水位呈上升现象），则认为现状开采条件下，地下水水位基本趋于平稳，埋深控制指标采用现状年埋深。若现状水位变差小于零，则采用年度超采量比例法确定目标年控制指标。

6.2.3.2　超采（载）区地下水水位控制阈值研究方法

1. 现状水位和变差

（1）现状水位

根据降水数据，2019 年为枯水年，超采区地下水的用途主要是城镇居民生活用水，从供水安全角度出发，计算工作单元的现状埋深采用该工作单元内所有监测井 2019 年年末埋深的算术平均值。

（2）现状水位变差及影响因素

①浅层孔隙水现状水位变差及影响因素。根据淮北地区典型监测井（周寨、张沃、阚町和濠城集）2011—2020 年水位变化过程可以得出，2011—2020 年浅层地下水水位基本趋于稳定，小幅度的波动变化主要是大气降水、蒸发、人工开采等综合因素引起的，基本无明显的持续上升或持续下降趋势。因此，现状水位变差采用计算工作单元内

所有省控井 2011—2020 年和国控井 2018—2020 年年际埋深变幅的平均值。

②深层承压水现状水位变差及影响因素。淮北地区深层孔隙承压水主要指含水层顶板埋深 150m 以下的地下水，上覆有稳定的黏性土层，与降水和地表水基本无水力联系，该含水层主要分布于淮北地区西部阜阳市和亳州市，东部至濉溪县、怀远县、固镇县一带变薄，至埇桥区、灵璧县一带缺失。

为进一步分析深层承压水开采量与地下水埋深变化的相关关系，选取了阜阳市区、亳州市利辛县以及宿州市砀山地区进行重点分析。水利国控地下水监测井，深层承压水超采量与地下水埋深的变化关系如图 6-9、图 6-10 所示。由于现阶段无替代水源，地下水仍处于超采状态，深层承压水水位呈下降趋势。另外，安徽省 2020 年降水量（1665.6mm）明显大于 2019 年降水量（935.8mm），但埋深仍呈下降趋势，且阜阳市区与利辛县深层承压水 2019—2020 年的下降速率大于 2018—2019 年，基本可以表明深层承压水与降水关系不明显。

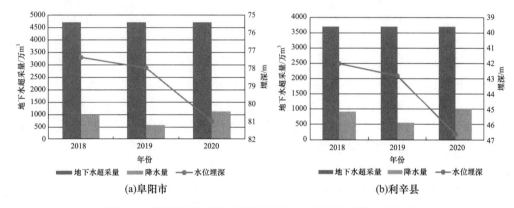

图 6-9　阜阳市区和利辛县深层承压水超采量与埋深变化关系

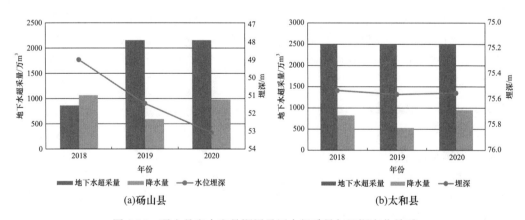

图 6-10　砀山县和太和县深层承压水超采量与埋深变化关系

③岩溶水现状水位变差及影响因素。安徽省淮北地区的岩溶水直接接受降雨补给，归为浅层地下水。2018—2020 年 7—9 月汛期降水量较大，地下水水位上升明显，水位响应时间比降水延后 5～20d，见图 6-11，由此得出，岩溶水水位变化受大气降水影响显著。2019 年降水量偏少，由于开采井分布较集中及开采强度较大，地

下水水位出现持续下降现象，但降水量增大后，地下水可以得到有效补给，水位再次出现抬升现象。

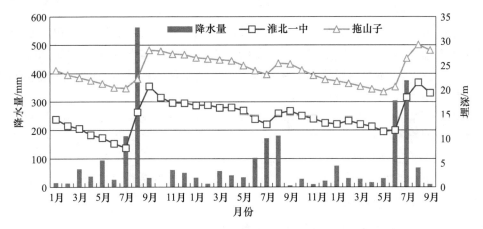

图 6-11　2018—2020 年典型监测井降水与水位关系示意图

2. 目标年深层承压水超采区水位控制指标

（1）现状水位变差大于零

未来深层承压水开采量逐步压采，开采量减少，根据工作单元内监测井数据得到现状水位变差大于 0 小于 0.5m（即地下水水位呈上升现象），认为在现状开采条件下，地下水水位基本趋于平稳；深层承压水主要受开采量影响，与大气降水关系不显著。基于以上分析，本次确定目标年水位控制指标时不再考虑连丰、连枯和平水年情景，未来地下水开采量减少且现状水位差大于零的深层承压水超采区，埋深控制指标采用现状年埋深。

（2）现状水位变差小于零

深层承压水主要受开采量影响，与大气降水关系不显著，本次确定目标年水位控制指标时不再考虑连丰、连枯和平水年情景，即目标年连丰、连枯和平水年埋深控制指标相等。

未来地下水开采量减少且现状水位差小于零的深层承压水超采区，将现状地下水水位值与某一年度之前逐年地下水水位年变差控制目标相加，即为该年度地下水水位控制指标，逐年地下水水位年变差 ΔH_i 确定采用年度超采量比例法，计算方法见式 6-2 和式 6-3。

$$H_i = H_{现状} + \sum_{i=1}^{k} \Delta H_i \quad (k = 1, 2, 3, \cdots, i) \tag{6-2}$$

式中，H_i 为第 i 年地下水水位控制指标（m）；$H_{现状}$ 为区域现状年末地下水水位（m）；ΔH_i 为第 i 年地下水水位年变差控制目标（m）。

根据某一年度地下水超采量控制目标与现状超采量的比例，确定该年度的地下水水位年变差控制目标。

$$\Delta H_i = \frac{Q_{超采i}}{Q_{超采现状}} \Delta H_{现状} \tag{6-3}$$

式中，ΔH_i 为第 i 年地下水水位年变差控制目标（m）；$Q_{超采i}$ 为第 i 年地下水超采量控制目标（万 m³）；$Q_{超采现状}$为现状地下水超采量（万 m³）；$\Delta H_{现状}$为现状开采情况下区域地下水水位年变差（m）。

（3）计算举例

以阜阳市太和县超采区为例，该区开采深层承压水，现状超采区面积 196.8km²，现状年年末埋深 75.5m，年均水位变差 0.1m，2023—2025 年压采量分别为 234 万 m³、467 万 m³、701 万 m³，因现状水位变差较小，根据水位指标确定方法，目标年埋深控制指标均采用现状年埋深，即 75.5m。

亳州市利辛县深层承压水超采区面积 24.1km²，选用监测井一眼，编号 59340362，现状年年末埋深 54.6m，水位变差 −1.7m。现状年 2019 年超采区深层承压水开采量 3700 万 m³，在 2023 年没有替代水源前，不实施压采，水源替代建成后 2023—2025 年压采量分别为 548 万 m³、1097 万 m³、1645 万 m³。将以上参数代入式 6-2、式 6-3 得到 2020—2025 年各年埋深控制指标。

6.2.3.3　目标年浅层地下水超采区水位阈值控制指标

2020—2025 年浅层地下水超采区的开采量全部实施压采，因此，浅层地下水超采区工作单元未来地下水均为开采量减少区。

1. 平水年控制指标确定

将现状地下水水位值与某一年度之前逐年地下水水位年变差控制目标相加，即为该年度地下水水位控制指标。计算方法见式 6-4。

逐年地下水水位年变差 ΔH_i 采用年度超采量比例法和年度蓄变量关系法确定。根据区域地下水年蓄变量与地下水水位年变差的关系，确定地下水水位年变差控制目标。

$$\Delta H_i = \frac{Q_{补i} - Q_{排i}}{\mu_i F} \tag{6-4}$$

式中，$Q_{补i}$ 为第 i 年地下水总补给量（万 m³），主要包括降水入渗补给量、地表水体补给量、井灌回归补给量等；$Q_{排i}$ 为第 i 年地下水各项排泄量（万 m³），主要包括开采量、潜水蒸发量等；F 为区域面积（km²）；μ_i 为含水层给水度（无量纲）。

2. 不同丰枯情景控制目标确定

不同丰枯来水条件下控制目标确定，计算方法见式 6-5。

$$H_{丰或枯i} = H_{现状} + \sum_{i=1}^{k} \Delta H_{丰或枯i} \quad (k = 1, 2, 3, \cdots, i) \tag{6-5}$$

式中，$H_{丰或枯i}$ 分别为第 i 为丰水年或枯水年时地下水水位控制指标（m）；$\Delta H_{丰或枯i}$ 分别为第 i 年为丰水年或枯水年时地下水水位年变差（m），计算方法见式 6-6。

$$\Delta H_{丰或枯i} = \frac{P_{多年平均}}{P_{丰或枯i}} \Delta H_i \tag{6-6}$$

式中，$P_{丰或枯i}$ 和 $P_{多年平均}$ 分别为丰水年或枯水年和多年平均降水量（mm）。

当水位变差值小于等于 0.5m 时，通过降水比例法不能体现未来地下水水位动态变化，本次选用近 10 年最低、最高地下水埋深作为连丰情景年、连枯情景年地下水水位控制指标。

3. 计算举例

以宿州市泗县浅层超采区为例，超采区面积 32km²，现状埋深 6.1m，水位变差

−0.5m，现状超采量 25 万 m³，2020—2025 年累计压采量分为 4 万 m³、8 万 m³、13 万 m³、17 万 m³、21 万 m³、25 万 m³，根据超采量比例法得到 2020—2025 年平水年的水位控制指标。采用降水比例法（丰、平、枯水年降水量分别为 1010.5mm、867.9mm、739.3mm）得到丰、枯情景下的水位变差，但因现状水位变差仅为 −0.5m，根据式 6-5 得到目标年枯水年和丰水年的埋深控制指标仅差 0.1~0.2m，不能反映地下水动态特征。为此，根据水利省控井近 10 年的监测井数据，得到近 10 年最小埋深、最大埋深分别为 2.8m、7.0m，该埋深即为对应的连丰和连枯情景埋深指标。

6.2.3.4 未超采区地下水水位阈值指标研究方法

1. 计算方法

安徽省浅层地下水水位受降雨影响较大，呈现出与降水周期基本一致的趋势（受入渗补给时间、岩性等因素的影响，时间上略有滞后）。

对于未来地下水开采量变化不大的地区，地下水水位控制指标确定原则是基本维持现状。综合本次工作技术要求确定的方法，将多年平均地下水水位直接定为平水情景下的目标年地下水水位控制指标。考虑到地下水水位自然波动的特点，目标年连丰和连枯情景下的地下水水位控制指标按式 6-7 计算。

$$H = H \pm \left(\frac{\Delta H}{2} + \Delta Z \right) \tag{6-7}$$

式中：H 为目标年地下水水位控制指标（m）；H 为现状年地下水水位（m）；ΔH 为历史最高地下水水位和最低地下水水位之差（m）；ΔZ 为地下水水位波动允许值（m）。根据区域水文地质条件、降水、地下水动态，本次取 0.5m。当最高地下水水位与最低地下水水位的差值较大时，根据公式计算得到的水位控制指标值可能出现负值现象，不合理，针对存在该问题的工作单元，根据监测的 10 年长系列数据，将历史最小埋深作为连丰情景下的目标年地下水水位控制指标。

2. 计算举例

本章以宿州市埇桥区为例介绍。埇桥区浅层地下水未超采区面积 2423.2km²，共有 31 眼监测井，得到 2011—2020 年浅层地下水埋深历史最大、历史最小值和水位差分别为 5.1m、1.0m 和 4.1m，代入式 6-6 可得，2025 年埇桥区未超采区连枯情景和连丰情景埋深分别为 4.9m、−0.1m，−0.1m 不合理，为此，根据历史系列埋深将连丰情景埋深确定为 1.0m。

6.2.4 浅层地下水水位指标阈值

本次淮北地区浅层地下水水位指标确定分为 36 个工作单元。分为超采区和未超采区，其中超采区 15 个，未超采区 21 个。根据上文确定的计算方法和监测井来确定地下水水位控制指标。

1. 超采区

根据上述确定的超采区地下水水位控制指标计算方法，将现状地下水水位值与某一年度之前逐年地下水水位年变差控制目标相加，即为该年度地下水水位控制指标，逐年地下水水位年变差 ΔH_i 根据某一年度地下水超采量控制目标与现状超采量的比例确定。计算得到安徽省淮北地区浅层超采区地下水埋深控制指标确定结果见表 6-4，典型地下水埋深控制指标趋势图如图 6-12 所示，由图中变化趋势可以看出，随着压采量的增加，埋深下降幅度呈减缓现象。

从计算结果分析，15 个浅层超采区工作单元，2025 年枯水情景下地下水埋深控制指标为 10～20m 的 7 个，5～10m 的 5 个，大于 20m 的 3 个全部分布在岩溶水超采区。

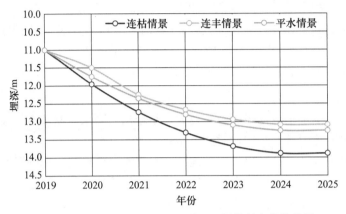

图 6-12　亳州市涡阳县浅层超采区埋深控制变化趋势图

2. 未超采区

未超采区共 21 个工作单元，其中未来开采量稳定区域 3 个，未来开采量减少区域 18 个。

（1）未来开采量稳定区域

具体上述确定的未超采区地下水水位控制指标计算方法，对于未来地下水开采量变化不大的地区，地下水水位控制指标确定原则是基本维持现状。采用式 6-6 计算得到的地下水水位指标确定结果见表 6-5。

（2）未来开采量减少区域

具体根据上述确定的未超采区地下水水位控制指标计算方法，确定地下水水位指标确定结果见表 6-6。

从计算结果分析，18 个未来浅层未超采区开采量减少的工作单元，2025 年枯水情景地下水埋深控制指标 5～10m 的 6 个，小于 5m 的 12 个（图 6-13）。

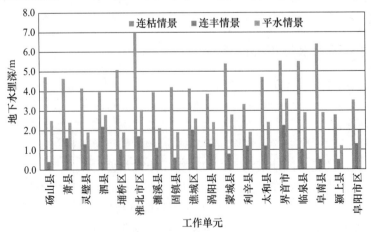

图 6-13　2025 年浅层未超采区开采量减少工作单元埋深控制图

表6-4 浅层地下水超采区地下水埋深控制指标确定结果表

地级行政区	县级行政区 名称	行政区代码	工作单元编号	现状埋深/m	现状年均水位变差/m	逐年年末地下水最大埋深控制指标/m								
						2020年			2021年			2022年		
						连枯情景	连丰情景	平水情景	连枯情景	连丰情景	平水情景	连枯情景	连丰情景	平水情景
淮北市	市区	340601	淮北市区-04	17.0	-3.7	22.7	19.7	20.1	27.3	21.9	22.6	30.7	23.5	24.4
淮北市	濉溪县	340621	淮北市濉溪县-04	15.8	-2.1	17.9	17.3	17.6	19.6	18.6	19.0	20.9	19.5	20.0
宿州市	萧县	341322	宿州市萧县-04	18.7	-1.6	20.3	19.9	20.1	21.7	21.0	21.3	22.8	21.9	22.3
宿州市	灵璧县	341323	宿州市灵璧县-04	12.3	-1.8	14.1	13.6	13.8	15.5	14.7	15.0	16.6	15.5	15.9
宿州市	泗县	341324	宿州市泗县-03	6.1	-0.5	7.0	2.8	6.7	7.5	2.8	7.2	8.0	2.8	7.5
宿州市	埇桥区	341302	宿州市埇桥区-03	15.4	-0.7	16.1	15.9	16.0	16.6	16.3	16.5	17.1	16.6	16.8
亳州市	谯城区	341602	亳州市谯城区-03	6.2	0.3	7.3	4.7	5.9	7.0	4.3	5.6	6.7	4.0	5.2
亳州市	谯城区	341602	谯城区古井镇-03	6.9	0.2	7.5	3.1	6.7	7.5	3.1	6.5	7.5	3.1	6.3
亳州市	涡阳县	341621	亳州市涡阳县-03	11.0	-0.9	12.0	11.5	11.7	12.7	12.2	12.4	13.3	12.7	12.8
亳州市	蒙城县	341622	亳州市蒙城县-03	20.5	0.4	20.6	20.0	20.2	20.3	19.7	19.9	20.1	19.4	19.7
阜阳市	太和县	341222	阜阳市太和县-03	6.8	0.1	7.5	5.6	6.7	7.4	5.5	6.6	7.3	5.4	6.5
阜阳市	临泉县	341221	阜阳市临泉县-03	4.4	-0.3	5.4	3.6	4.7	5.7	3.9	5.0	5.9	4.1	5.2
阜阳市	颍上县	341226	阜阳市颍上县-03	38.1	0.4	38.2	37.6	37.8	37.9	37.3	37.5	37.7	37.1	37.3
阜阳市	市区	341201	阜阳市区-03	22.3	0.2	22.4	21.9	22.1	22.3	21.8	22.0	22.2	21.7	21.9
蚌埠市	固镇县	340323	蚌埠市固镇县-03	12.6	-0.6	13.3	13.1	13.2	14.1	13.6	13.8	14.8	14.1	14.4
淮北市	市区	340601	淮北市区-04	17.0	-3.7	32.9	24.6	25.6	34.1	25.1	26.3	34.1	25.1	26.3
淮北市	濉溪县	340621	淮北市濉溪县-04	15.8	-2.1	21.7	20.1	20.7	22.2	20.4	21.1	22.2	20.4	21.1
宿州市	萧县	341322	宿州市萧县-04	18.7	-1.6	23.7	22.6	23.0	24.1	22.9	23.4	24.1	22.9	23.4
宿州市	灵璧县	341323	宿州市灵璧县-04	12.3	-1.8	17.3	16.0	16.5	17.6	16.2	16.8	17.6	16.2	16.8
宿州市	泗县	341324	宿州市泗县-03	6.1	-0.5	8.5	2.8	7.7	8.7	2.8	7.8	8.7	2.8	7.8

续表

地级行政区	县级行政区 名称	行政区代码	工作单元编号	现状埋深/m	现状年均水位变差/m	2020年 连枯情景	连丰情景	平水情景	2021年 连枯情景	连丰情景	平水情景	2022年 连枯情景	连丰情景	平水情景
宿州市	埇桥区	341302	宿州市埇桥区-03	15.4	-0.7	17.3	16.8	17.0	17.5	16.9	17.2	17.5	16.9	17.2
亳州市	谯城区	341602	亳州市谯城区-03	6.2	0.3	6.4	3.7	5.0	6.2	3.5	4.8	6.0	3.3	4.6
亳州市	谯城区	341602	谯城区古井镇-03	6.9	0.2	7.5	3.1	6.1	7.5	3.1	5.9	7.5	3.1	5.7
亳州市	涡阳县	341621	亳州市涡阳县-03	11.0	-0.9	13.7	12.9	13.1	13.9	13.1	13.3	13.9	13.1	13.3
亳州市	蒙城县	341622	亳州市蒙城县-03	20.5	0.4	20.0	19.3	19.6	19.9	19.2	19.5	19.9	19.2	19.5
阜阳市	太和县	341222	阜阳市太和县-03	6.8	0.1	7.2	5.2	6.4	7.1	5.2	6.3	7.0	5.1	6.2
阜阳市	临泉县	341221	阜阳市临泉县-03	4.4	-0.3	6.1	4.3	5.4	6.2	4.4	5.5	6.2	4.4	5.5
阜阳市	颍上县	341226	阜阳市颍上县-03	38.1	0.4	37.6	37.0	37.2	37.5	36.9	37.1	37.5	36.9	37.1
阜阳市	市区	341201	阜阳市区-03	22.3	0.2	22.1	21.6	21.8	22.1	21.6	21.8	22.1	21.6	21.8
蚌埠市	固镇县	340323	蚌埠市固镇县-03	12.6	-0.6	15.4	14.6	14.9	15.9	14.9	15.2	16.2	15.1	15.6

表6-5　浅层地下水未来开采量稳定区域地下水水位指标确定结果表

地级行政区	县级行政区 名称	行政区代码	降水量/mm p=25%	p=50%	p=75%	工作单元编号	地下水平均埋深/m 现状	多年平均	历史最大	历史最小	地下水水位差	2025年末最大埋深控制指标/m 连枯情景	连丰情景	平水情景
淮南市	凤台县	340421	987.5	846.8	718.8	淮南市凤台县-01	1.2	0.9	1.7	0.1	1.6	2.2	0.1	0.9
蚌埠市	五河县	340322	1002.1	864.1	725.8	蚌埠市五河县-01	2.7	1.8	4.1	0.2	3.9	4.3	0.2	1.8
蚌埠市	怀远县	340321	919.2	828.4	738.1	蚌埠市怀远县-01	2.1	1.3	2.7	0.5	2.2	2.9	0.5	1.3

表6-6 浅层地下水未来开采量减少区域地下水水位指标确定结果表

地级行政区	县级行政区		降水量/mm			工作单元编号	地下水平均埋深/m						2025年末最大埋深控制指标		
	名称	行政区代码	p=25%	p=50%	p=75%		现状	多年平均	历史最大	历史最小	地下水位差	连枯情景	连枯情景	连丰情景	平水情景
宿州市	砀山县	341321	867.2	749.6	643.1	宿州市砀山县-01	2.9	2.5	3.9	0.4	3.5	4.7	0.4	2.5
宿州市	萧县	341322	900.1	793.5	695.5	宿州市萧县-02	3.4	2.9	4.1	1.6	2.5	4.6	1.6	2.9
宿州市	灵璧县	341323	1000.2	864.5	741.7	宿州市灵璧县-02	3.0	2.4	3.8	1.3	2.5	4.2	1.3	2.4
宿州市	泗县	341324	1010.5	867.9	739.3	宿州市泗县-01	3.2	2.8	3.5	2.2	1.3	4.0	2.2	2.8
宿州市	埇桥区	341302	988.6	854.5	733.1	宿州市埇桥区-02	3.6	2.4	5.1	1.0	4.1	5.1	1.0	2.4
淮北市	市区	340401	902.2	772.3	661.6	淮北市区-02	4.0	3.0	7.0	1.7	5.2	7.0	1.7	3.0
淮北市	濉溪县	340621	903.5	768	653.5	淮北市濉溪县-02	3.7	2.1	3.8	1.1	2.7	4.0	1.1	2.1
蚌埠市	固镇县	340323	950	821.4	691.1	蚌埠市固镇县-01	2.8	1.9	4.2	0.6	3.6	4.2	0.6	1.9
亳州市	谯城区	341602	821.7	687.5	568.4	亳州市谯城区-01	4.1	2.6	4.1	2.0	2.1	4.1	2.0	2.6
亳州市	涡阳县	341621	879.4	735.1	635.2	亳州市涡阳县-01	3.1	2.4	3.2	1.3	1.9	3.9	1.3	2.4
亳州市	蒙城县	341622	949.5	789.1	647.8	亳州市蒙城县-01	3.1	2.8	5.0	0.8	4.2	5.4	0.8	2.8
亳州市	利辛县	341623	957.3	796.6	536.8	亳州市利辛县-01	3.1	1.9	3.1	1.2	1.9	3.3	1.2	1.9
阜阳市	太和县	341222	979.1	814.6	681.8	阜阳市太和县-01	3.2	2.4	4.7	1.2	3.5	4.7	1.2	2.4
阜阳市	界首市	341282	1024.5	838.7	700.5	阜阳市界首市-01	4.2	3.6	5.1	2.3	2.9	5.5	2.3	3.6
阜阳市	临泉县	341221	1078.3	878.7	705.4	阜阳市临泉县-01	4.2	2.9	5.2	1.0	4.2	5.5	1.0	2.9
阜阳市	阜南县	341225	1101.5	928.9	772.4	阜阳市阜南县-01	3.5	2.9	6.4	0.5	5.9	5.4	0.5	2.9
阜阳市	颍上县	341226	1092.9	931.2	788.8	阜阳市颍上县-01	2.7	1.2	2.7	0.5	2.2	2.8	0.5	1.2
阜阳市	市区	341201	3281.6	2731.5	2251	阜阳市区-01	2.4	2.0	3.4	1.3	2.1	3.5	1.3	2.0

6.2.5 深层承压水水位指标阈值

本次深层承压水水位工作单元 11 个。根据上述确定的超采区地下水水位控制指标计算方法,将现状地下水水位值与某一年度之前逐年地下水水位年变差控制目标相加,即为该年度地下水水位控制指标,逐年地下水水位年变差 ΔH_i 根据某一年度地下水超采量控制目标与现状超采量的比例确定。

经汇总计算得到安徽省深层承压水水位指标确定结果见表 6-7,典型工作单元深层承压水埋深控制变化情况及 2025 年的地下水埋深控制指标分别如图 6-14、图 6-15 所示。

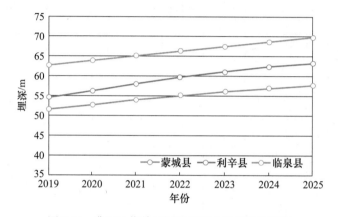

图 6-14 典型工作单元深层承压水埋深控制情况

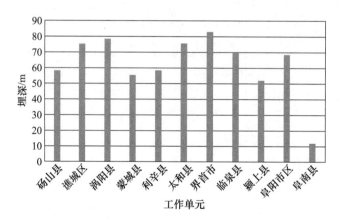

图 6-15 2025 年深层承压水超采区地下水埋深控制指标

由计算结果分析可知,深层承压水未来开采量逐步压采,水位下降幅度逐渐变缓。到 2025 年地下水埋深控制指标大小主要与现状超采程度有关,最大的是界首市,埋深较小的主要分布在阜南县。

表6-7 安徽省深层承压水超采区地下水水位指标确定结果表

地级行政区	县级行政区 名称	行政区代码	工作单元编号	现状埋深/m	现状年均水位变差/m	逐年末地下水最大埋深控制指标/m								
						2020年			2021年			2022年		
						连枯情景	连丰情景	平水情景	连枯情景	连丰情景	平水情景	连枯情景	连丰情景	平水情景
宿州市	砀山县	341321	宿州市砀山县-05	52.9	−0.9	53.8	53.8	53.8	54.7	54.7	54.7	55.6	55.6	55.6
亳州市	谯城区	341602	亳州市谯城区-05	72.3	−0.6	72.9	72.9	72.9	73.5	73.5	73.5	74.1	74.1	74.1
亳州市	涡阳县	341621	亳州市涡阳县-05	75.6	−0.4	76.1	76.1	76.1	76.6	76.6	76.6	77.1	77.1	77.1
亳州市	蒙城县	341622	亳州市蒙城县-05	51.6	−0.8	52.4	52.4	52.4	53.2	53.2	53.2	54.0	54.0	54.0
亳州市	利辛县	341623	亳州市利辛县-05	54.6	−0.7	55.2	55.2	55.2	56.0	56.0	56.0	56.7	56.7	56.7
阜阳市	太和县	341222	阜阳市太和县-05	75.5	0.1	75.5	75.5	75.5	75.5	75.5	75.5	75.5	75.5	75.5
阜阳市	界首市	341282	阜阳市界首市-05	74.3	−1.5	75.8	75.8	75.8	77.3	77.3	77.3	78.8	78.8	78.8
阜阳市	临泉县	341221	阜阳市临泉县-05	62.8	−1.2	64.0	64.0	64.0	65.2	65.2	65.2	66.4	66.4	66.4
阜阳市	颍上县	341226	阜阳市颍上县-05	50.6	−0.3	50.9	50.9	50.9	51.2	51.2	51.2	51.5	51.5	51.5
阜阳市	市区	341201	阜阳市市区-05	65.1	−0.8	65.9	65.9	65.9	66.7	66.7	66.7	67.5	67.5	67.5
阜阳市	阜南县	341225	阜阳市阜南县-05	11.6	0.1	11.6	11.6	11.6	11.6	11.6	11.6	11.6	11.6	11.6
宿州市	砀山县	341321	宿州市砀山县-05	55.6	−0.9	56.5	56.5	56.5	57.4	57.4	57.4	58.2	58.2	58.2
亳州市	谯城区	341602	亳州市谯城区-05	74.0	−0.6	74.6	74.6	74.6	75.0	75.0	75.0	75.2	75.2	75.2
亳州市	涡阳县	341621	亳州市涡阳县-05	77.2	−0.4	77.6	77.6	77.6	77.9	77.9	77.9	78.2	78.2	78.2
亳州市	蒙城县	341622	亳州市蒙城县-05	53.8	−0.8	54.6	54.6	54.6	55.1	55.1	55.1	55.5	55.5	55.5
亳州市	利辛县	341623	亳州市利辛县-05	56.6	−0.7	57.3	57.3	57.3	57.8	57.8	57.8	58.2	58.2	58.2
阜阳市	太和县	341222	阜阳市太和县-05	75.5	0.1	75.5	75.5	75.5	75.5	75.5	75.5	75.5	75.5	75.5
阜阳市	界首市	341282	阜阳市界首市-05	78.8	−0.3	80.3	80.3	80.3	81.7	81.7	81.7	83.1	83.1	83.1
阜阳市	临泉县	341221	阜阳市临泉县-05	66.4	−1.2	67.6	67.6	67.6	68.7	68.7	68.7	69.9	69.9	69.9
阜阳市	颍上县	341226	阜阳市颍上县-05	51.4	−0.3	51.7	51.7	51.7	51.9	51.9	51.9	52.0	52.0	52.0
阜阳市	市区	341201	阜阳市市区-05	67.3	−0.8	68.1	68.1	68.1	68.4	68.4	68.4	68.6	68.6	68.6
阜阳市	阜南县	341225	阜阳市阜南县-05	11.6	0.1	11.6	11.6	11.6	11.6	11.6	11.6	11.6	11.6	11.6

7 地下水开采量控制指标研究

7.1 指标构建研究思路

7.1.1 地下水取用水量控制指标研究方法

根据淮北地区地下水含水岩组的特点和国家相关规定，地下水取用水量指标确定方法主要是在地下水数学模型模拟的基础上，采用区域多水源平衡分析法、权重分解法、趋势分析法等，其中目标年中间各年采用非线性内插。

1. 多水源平衡分析法

多水源平衡分析法是在现状基础上，依据社会经济发展相关成果，以现状为基础，根据水源条件、社会经济需求、多水资源配置方案等，测算基本单元某一水平年的地下水取用水量控制指标。

①收集整理水资源综合规划、流域规划等成果资料。在分析水资源及其开发利用现状的基础上，综合考虑当地地表水、地下水、外流域调水和其他水源，预测年可供水量。选取地下水可供水量和现状开采量的较小值作为指标，确定年地下水可供水量的初始值。

②分析经济社会资料，在强化节水、遏制不合理需求的前提下，用预测指标确定年经济社会发展对水资源的需求量。

③根据指标确定年供水量和需水量预测结果，进行供需平衡分析和水资源配置。如果达到供需平衡，供水量预测中的年地下水开采量暂定为其地下水取用水量控制指标。

④如果未达到供需平衡，适当增加指标确定年地下水开采量，以能满足供需平衡的地下水开采量和不加剧现状超采情况的地下水开采量的最小值作为指标确定年地下水取用水量控制指标。

⑤各分区地下水取用水量控制指标之和应小于等于上一级分区控制指标。

2. 权重分析法

依据基本单元的水资源条件，对水资源时空分布比较均一的地区，可以按照开采量权重和超采量权重，分解地下水取用水量控制指标。

①开采量权重法

根据各分区基准年地下水开采量确定权重比例，按照该比例将确定的分区上一级区域地下水取用水量控制指标分解至各分区。具体计算可采用式 7-1。

$$Q_{i指标确定年} = Q_{指标确定年} W_i, \quad i=1, 2, 3, \cdots, n \tag{7-1}$$

式中，W_i 为第 i 分区的地下水基准年开采量权重；$Q_{i指标确定年}$ 为第 i 分区的指标确定年地下水取用水量控制指标；$Q_{指标确定年}$ 为分区上一级区域地下水取用水量控制指标；n 为分区个数。

开采量权重法的应用前提是开采量大的地区，未来地下水开采量分摊得也多，或增量也大，一般适用于超采不严重、地下水可开采量较大的地区。

②超采量权重法

根据各分区基准年地下水超采量确定权重比例，按照该比例将上一级区域确定的年地下水压采量指标分解至各分区。分区基准年开采量与分区压采量指标的差值即为该分区确定年地下水取用水量控制指标。超采量权重法适用于超采问题比较严重的地区。具体计算可采用式7-2。

$$Q_{i指标确定年} = Q_{i基准年} - RW_i, \quad i-1, 2, 3, \cdots, n \tag{7-2}$$

式中，W_i 为第 i 分区的地下水基准年超采量权重；R 为分区上一级区域指标确定年地下水压采量指标；$Q_{i指标确定年}$ 为第 i 分区的指标确定年地下水取用水量控制指标；$Q_{i基准年}$ 为第 i 分区的基准年地下水开采量；n 为分区个数。

3. 趋势分析法

趋势分析法是根据各分区地下水开发利用历史和现状变化趋势，合理确定某一年度地下水取用水量控制指标。

①趋势分析法具体操作是根据已知的历年地下水开采量拟合一条曲线，使得这条曲线反映地下水开采量随时间变化的趋势，然后按照该曲线，估算出分区某一年度地下水取用水量控制指标。

②应采用不少于 10 年的地下水开采量数据，进行趋势分析，选择相关性较好的曲线进行拟合，建立拟合曲线方程，计算分区某一年度地下水取用水量控制指标。趋势分析法一般适用于地下水开采历史和未来变化规律明显的地区。

本次安徽省淮北地区地下水取用水量指标主要采用多水源平衡分析法并配合权重分析法。以自下而上的方式，首先根据各县区社会经济发展水平和实际地下水水源可以替代情况，分析各指标确定年压采量和开采量。复核各单元指标确定年开采量之和与《全国地下水利用与保护规划（2016—2030）》规定的安徽省指标进行对比，如满足各项指标确定年的指标要求，则以此作为各县区指标确定年开采量。中间各年度地下水取用水量控制指标采取多水源平衡分析法和非线性内插法综合分析，确定不同水平年地下水取用水量控制指标。

7.1.2　地下水取用水量控制指标研究思路

安徽省淮北地区地下水水位管控指标的确定，主要以水资源节约、非常规水利用、外调水源工程及其他工程的达效为前提进行分析。2023 年年底前引江济淮主体工程建成通水，地下水压采主要通过农业、生活和工业节水措施，部分引河蓄水、提水、大沟蓄水实现。工业节水主要通过提升工业用水重复率，非常规水利用的方式；生活节水主要通过降低管网漏失率和提高节水器具普及率体现；随着引江济淮工程建设通水，地表水厂和管网的逐步完善，至 2030 年，除少量无替代水源的偏远地区农村居民安全饮水外，宿州市、淮北市、亳州市和阜阳市受水区的工业、居民生活和生态地下水全部实施引江济淮替代。具体思路如下。

1. 浅层地下水

安徽省浅层地下水主要用于农业灌溉，岩溶水主要用于淮北市、宿州市等地生活用水。淮河以南地区指标确定年 2025 年和 2030 年基本维持现状开采量不变；淮河以北地区 2023 年前主要通过实施农业灌溉节水、生活节水和自备井封闭或压采等措施，逐年减少开采量。2023—2025 年，随着引江济淮工程逐步试通水，地表水厂分期置换部分浅层地下水饮用水源地，供水水源由单一的地下水逐渐过渡为地表水和地下水、单一地表水，至 2025 年浅层地下水超采量全部压采完毕。根据《引江济淮工程可行性研究》，2025—2030 年，随着进一步完善地表水厂和管网的相关配套设施，逐步扩大地表水供水覆盖范围，适当再压减部分地下水。

2. 深层承压水

安徽省深层承压水开采集中在阜阳市、亳州市和宿州市，主要用于城市生活和工业用水。2023 年前压采主要通过优化开采井布局、节水和自备井封闭，关闭不合理开采井，削减不合理用水。

2023—2025 年，随着引江济淮工程逐步试通水，地表水厂建成，在供水覆盖范围内的一般工业（不含特殊行业）和部分生活自备井实施水源替代；根据《引江济淮工程可行性研究》报告，2030 年的安徽省引江济淮受水区置换配置水量，以及淮北各市 2025—2030 年相关配套地表水厂和管网的完善情况，将宿州市、淮北市、亳州市和阜阳市 2030 年工业、居民生活和生态用水逐步置换成地表水。同时随着地表水厂规模扩大，进一步扩大供水范围，逐步覆盖村镇供水；到 2030 年，除少量无替代水源的偏远地区农村居民安全饮水外，深层超采区内地下水全部实施禁采。有条件区域进行城乡一体化供水，大部分自备井转为应急备用水源井。根据《地下水管理条例》要求，力争在 2040 年以前安徽省将所有偏远无替代水源地区居民供水管网全覆盖，届时安徽省除应急供水取水和为开展地下水监测、勘探、试验少量取水外，禁止开采难以更新的深层承压水。

7.2　地下水取用水量控制指标阈值研究

地下水管控指标确定以《2019 年安徽省水资源公报》（安徽省水文局，2020）中地下水源供水量 29.09 亿 m³ 为基础，依据安徽省及各地市压采措施，分析各县不同水平年的压采量，以不超出《全国地下水利用与保护规划（2016—2030）》规定的安徽省指标为前提，提出 2025 年和 2030 年各县区开采量指标。

安徽省淮北地区地下水压采措施主要包括地表水水源替代、行业节水和再生水利用等。其中，承担淮北地区地下水水源置换任务的主要水源配置工程为引江济淮和淮水北调工程，淮水北调工程也依托于引江济淮水源。引江济淮工程于 2023 年初步试通水。

2025 年淮北地区地下水取用量指标总量为 23.02 亿 m³，其中深层承压水指标为 2.13 亿 m³；2030 年安徽省地下水取用量指标总量为 17.64 亿 m³，其中深层承压水指标为 0.046 亿 m³，保留深层承压水量均为无替代水源的偏远地区农村居民安全饮水考虑。具体指标见表 7-1。

地下水取用水量控制指标确定后，将通过严格地下水取水许可和计量管理及水源替代，有效控制地下水开采量，满足地下水总量计划控制的目标要求。

表 7-1　淮北地区各市 2025 年和 2030 年开采量指标　　　　　　　单位：万 m³

地级行政区	地级行政区代码	2025年地下水取用量指标	深层地下水指标	2030年地下水取用量指标	深层地下水指标
淮北市	340601	20921	0	13642	0
亳州市	341623	59072	9619	42521	240
宿州市	341302	68091	3292	53421	60
蚌埠市	340323	17605	0	15266	0
阜阳市	341225	62384	8367	49934	160
淮南市	340421	2140	0	1647	0
合计		230213	21278	176431	460

7.3　地下水取用水量阈值合理性分析

本次以《全国地下水利用与保护规划（2016—2030）》确定的地下水取用水总量控制指标为上限，以"尊重现实"为原则，并与相关成果进行协调平衡，合理确定 2025 年、2030 年地下水取用水量控制指标。2025 年和 2030 年淮北地区地下水取用量指标总量分别为 23.02 亿 m³ 和 17.64 亿 m³。该成果与《全国地下水利用与保护规划（2016—2030）》《安徽省水资源综合规划》《2020 年淮河流域县域水资源承载能力控制指标》以及安徽省水资源第三次调查评价中地下水水资源量可利用成果对比见表 7-2。

表 7-2　本次地下水取用量指标与相关成果对比表　　　　　　　单位：亿 m³

水平年	区划/流域	本次成果	安徽省水资源综合规划（2011年）	全国地下水利用与保护规划（2016—2030）	2020年淮河流域县域水资源承载能力控制指标	淮河流域及山东半岛水中长期供求规划配置
2030年	淮北地区	23.02	25.4	23.5	33.8	21.7

由表 7-2 可以看出，本次确定的 2025 年安徽省淮北地区地下水取用量指标满足《全国地下水利用与保护规划（2016—2030）》指标要求；2030 年安徽省地下水取用量指标满足《安徽省水资源综合规划》《2020 年淮河流域县域水资源承载能力控制指标》以及《全国地下水利用与保护规划（2016—2030）》等规划要求。

8 基于水位水量联控的多水源配置与保护技术

随着淮北地区工业化、城镇化进程的全面加快，城镇化率以每年1‰的速度增长，特别是两淮煤电基地等国家级产业集群的加速形成，几乎所有工业基地都缺乏可靠水源支撑，未来10～20年内需水总量仍将持续增长，刚性用水需求加大，供需矛盾将进一步加剧。尤其是干旱年份，城市供水保证率难以达到规定标准，当地水资源短缺已成为产业布局和进一步发展的主要瓶颈，严重影响人民生产生活和经济社会的发展。

本研究以地下水水位水量控制指标为约束，以充分利用当地水、相机利用外调水为原则，构建了水资源系统动态配置模型，首次系统提出了基于水位水量双控及配置工程调控下的全行业、多层位地下水分期分区压采指标。

8.1 交互式情景共享的水资源系统动态配置模型

8.1.1 模型建立

1. 水资源系统动态配置模型基础

多水源联合调配模型以水资源系统网络图和供需关系为基础，采用通用性模块组合技术和调配要素属性组合技术建立，可以实现通用性快速建模和计算单元水资源要素的多种组合输出，提高了模型适应性、灵活性和可扩充性。

同时考虑同一河流上下游、左右岸的用水公平性、水资源的利用效率、水资源利用的可持续性等诸多因素，考虑到区域水资源调配问题的复杂性，系统内部存在有大量"算不准"（难以定量）和"算不出"（无法定量）的因素，建立水资源的多层级调配模拟系统，以水量分配系数为纽带，通过不断反馈与交互，获得各方满意的水量调配方案。

2. 水资源系统动态配置模型的建立

多水源联合调配模型，是通过构建一组拓扑矩阵实现的，具体包括：

①水源与水源之间的源汇关系矩阵；

②水源与用户之间的供需关系矩阵；

③用户与水源之间的回归关系矩阵；

④水源、用户与水资源分区的隶属关系矩阵，为了便于供需平衡结果按水资源分区汇总，对每一水源和每一个用户增加一个水资源分区的隶属"属性值"，模型将各水源、用户相同属性值合并，即可得到不同水资源分区的可供水量以及各用户的需水量、供水量和缺水量等汇总信息；

⑤水源、用户与行政区的隶属关系矩阵，为了便于供需平衡结果按行政区划汇总，对每一水源和每一个用户增加一个行政区划的隶属"属性值"，模型将各水源、用户相

同属性值合并，即可得到不同行政分区的可供水量以及相应各用户的需水量、供水量和缺水量等汇总信息；

⑥水源类别隶属关系矩阵，为了便于可供水量按水源类别汇总，对每一水源增加一个水源类别的隶属"属性值"，模型利用各水源相同属性值合并，即可得到地表水、地下水、跨流域调水等可供水量汇总信息。

8.1.2 水量平衡控制

水资源供需分析中，考虑各类水量平衡和空间水量交换。为了方便多水源联合调配模型的建立，提高人工干预的效率与能力，在各个计算单元之间和各支流的出口处设置控制节点。各节点遵循水量平衡原则。

①蓄水工程（水库湖泊）水量平衡。

②分水点或控制节点水量平衡。

③计算分区地表水量平衡。

④计算分区地下水量平衡。

⑤水量传递平衡。

在满足河道节点之间水量平衡的基础上，考虑多用户间的水量平衡分析，通过上单元的可供水量和本单元的地表水（含煤陷区蓄水）、地下水来调配本地区的生产、生活、生态等不同调配方式的水量。

蓄水工程（水库湖泊和煤陷区）水量平衡、分水点或控制节点水量平衡、计算分区地表水量平衡、计算分区地下水量平衡、水量传递平衡等各类水量平衡后，根据多水源联合调配模型，即可得到不同行政区的调配方案。

8.1.3 调控水量方案的生成

1. 方案设置

淮北地区水资源调配条件存在工程型缺水、资源型缺水和水质型缺水等问题，结合水资源调配思路和现实可能的投资状况，逐渐加大供水量，采用增加投入的方式，逐次增加边际成本最小的供水与节水措施，提出具有代表性、方向性的方案，并进行初步筛选，形成水资源供需分析计算方案集。方案的设置应依据流域或区域的社会、经济、生态环境等方面的具体情况，有针对性地选取增大供水、加强节水等各种措施组合。可以考虑各种可能获得的不同投资水平，在每种投资水平下根据不同侧重点的措施组合得到不同方案，但加大各种供水、节水和治污力度的方案的投资需求应与可能的投入大致相等。

2. 方案调整

在供需分析过程中，应根据实际情况对原设置的方案进行合理的调整，通过反馈最终得到较为合理的推荐方案。方案调整时，应依据计算结果将明显存在较多缺陷的方案予以淘汰；对存在某些不合理因素的方案给予有针对性的修改。

3. 约束条件

在计算过程中考虑以下约束条件：

①各类水量平衡约束。

②需水量约束。

③工程供水能力约束（含外调水工程）。

④河道内用水约束。

⑤可供水量约束（地下水可开采量、煤陷区可利用水量）。

⑥其他约束。

8.2 水资源配置工程体系研究

8.2.1 引水工程

1. 骨干引水工程

引江济淮工程。引江济淮工程沟通长江、淮河两大流域，穿越皖江城市带承接产业转移示范区、合肥经济圈和中原经济区三大区域发展战略区，地跨皖豫2省14市55县市区，受水区总面积7.06万km²，现有人口4132万人。工程由引江济巢、江淮沟通、江水北送三段组成，工程设计引江规模为300m³/s，过江淮分水岭规模为295m³/s。2030年和2040年多年平均引江水量分别为34.27亿m³和43.00亿m³，其中江水北送段可往阜阳市、亳州市和淮北市供水。

江水北送段江水穿越江淮分水岭后进入瓦埠湖，经东淝河闸出瓦埠湖后进入淮河干流，利用蚌埠闸以上淮河干流调蓄。阜阳的沿淮各县（市、区）可直接从淮河取水，淮北受水区再通过西淝河、沙颍河、涡河及怀洪新河四线共同向淮河以北输水。

西淝河线，口门设计流量85m³/s。利用西淝河河道并新建阚疃南站、西淝河北站、朱集站和龙德站实现向安徽阜阳、亳州地区以及河南提供生活和工业用水。

沙颍河线，口门设计流量50m³/s。利用沙颍河，新建颍上站、阜阳站两级提水泵站，输水至阜阳闸上，主要解决对水质要求不高的部分工业用水、灌区农业用水和沙颍河生态补水。

涡河线，口门设计流量50m³/s。利用涡河，新建蒙城站、涡阳站、大寺站三级提水泵站，输水至亳州，主要解决对水质要求不高的部分工业用水、沿线农业用水和生态用水。

淮水北调线，口门设计流量49m³/s，主要利用安徽省已建淮水北调工程向淮北和宿州供水。

2. 区域配水工程

（1）淮水北调工程

淮水北调属安徽省"三横三纵"水资源配置体系的跨区域骨干调水工程，是支撑和保障皖北地区加快发展的重大基础设施，也是目前正在建设的国家南水北调东线配水工程和引江济淮的延伸工程。工程任务是为宿州市、淮北市提供工业用水，并逐步置换现状工业挤占的地下水，减轻经济社会发展对孔隙第二、三含水层组和岩溶地下水开采的压力，同时兼顾输水沿线城镇补水和生态用水。已建成的淮水北调工程从淮河至萧县岱山口闸，线路总长268km，全线疏浚大沟33.8km，新建箱涵6.0km，其余均利用现有河道或大沟输水。输水沿线共设8级翻水站，提水净扬程28.6m。五河一级翻水站设计引水流量 50m³/s。出香涧湖至二级翻水站设计引水流量 36m³/s，多年平均出湖水量 2.57 亿 m³；至宿州市二铺闸上，设计引水流量 30m³/s，多年平均调水量 2.42 亿 m³；至淮北市四铺闸上，设计引水流量 18m³/s，多年平均调水量 1.32 亿 m³；至淮北市黄桥闸上，设计引水流量 15m³/s；从淮北市黄桥闸上沿萧濉新河及岱河上段向萧县输水，入贾窝闸上，设计引水流量 3m³/s，进岱山口闸上，设计引水流量 2m³/s。

淮水北调工程 2030 年水平年，多年平均引调水量为 2.8 亿 m³，出香涧湖水量为 2.6 亿 m³，入新汴河水量为 2.4 亿 m³，入沱河、萧濉新河水量为 1.4 亿 m³，入老岱河水量为 0.2 亿 m³。最大年份引调水量 6.8 亿 m³。

（2）引淮济阜工程

阜阳市现状在淮河干流取水的主要是农业，规划新建引水工程供给阜阳市城镇生活和工业用水。引淮济阜工程水源为淮河干流，在南照集通过管道调水至阜阳，管道线路长 40km，设计日取水规模为 40 万 m³，其中一期工程为 15 万 m³，年取水量 0.55 亿 m³，供水对象主要是生活及置换或新增部分对水质要求较高的工业用水。另外，结合引淮济亳，从茨淮新河取水，恢复二水厂规模，达到设计标准 20 万 m³/d。阜南县和颍上县城市集中供水水源也采用淮河干流地表水，新建阜南县淮干地表水厂和颍上县第二地表水厂，其中阜南县城水厂取水规模一期规模为 4 万 m³/d，二期规模为 9 万 m³/d，取水口设置在王家坝闸上；颍上县城水厂取水规模一期规模为 4.8 万 m³/d，二期规模为 9 万 m³/d，取水口设置在润河镇附近。

8.2.2 蓄水工程

淮北地区因缺乏建库条件，现状条件下，地表水主要靠淮河干支流建闸控制，利用河道、洼地蓄水，为沿河建站提水提供水源。通过抬高淮河干流临淮岗坝上及蚌埠闸以上河道蓄水位以及充分利用煤陷区蓄水等举措，缓解区域水资源供需矛盾。

1. 骨干水源工程

大中型水库除险加固工程。淮北地区水库无大型水库，有中型水库 36 座，库容为 11.48 亿 m³，淮北、宿州、蚌埠各有 1 座，库容为 6445 万 m³，由于坝体渗漏、变形或泄洪设施不足、老化等，蓄水灌溉作用下降。至 2015 年，淮北地区已全部完成中型水库除险加固任务，水库的汛限水位或正常水位恢复至设计工况，经估算，淮北地区中型水库经除险加固后，可增加供水量约 1000 万 m³。

2. 相机水源工程

通过抬高淮河干流河道和湖泊蓄水位的方式，科学利用当地雨洪资源，相机引进淮干过境洪水，缓解区域干旱缺水压力，补充地下水、改善湖泊生态环境。

煤陷区蓄水利用工程。淮北市、宿州市及淮南市随着多年大规模的煤矿开采，现已形成不同规模的地表采煤沉陷，可因势利导，发挥其蓄水、滞涝等作用。淮南矿区西淝河下段沉陷区、永幸河洼地沉陷区和泥河洼地沉陷区将连成一片。淮北部分沉陷区已积水成湖，连接成片。选择淮北市南湖、中湖、临海童，淮南市西淝河下游洼地，宿州市芦岭、朱仙庄和亳州市等地与兼有拦蓄调节性能和外水补给条件的沉陷区进行综合利用试点，辅以河道建闸引水、水系沟通和沉陷区内部连通等措施，发挥蓄水和供水作用。

3. 面上分散水源工程

（1）淮北地区大沟调蓄工程

在河道和大沟上建闸蓄水是淮北地区开发利用地表水、发展河灌的主要方式，也是补给地下水的有效途径。淮北地区属缓坡平原，存在洪、涝、渍、旱多种自然灾害，经过几十年的建设，淮北地区现有大沟总数1411条，总长度12331km，已配套桥梁6328座、涵闸649座。

综合考虑地形、防汛、工程状况等因素，淮北地区现有1411条大沟中，能够进行蓄水控制的有1255条，其中已有涵闸控制且正常蓄水的有194条，尚无涵闸控制或不能正常蓄水的有1061条，尚待开发的大沟蓄水库容约4亿 m^3，其中有效蓄水2.4亿 m^3，并可抬升大沟附近地下水位0.5～0.8m。至2015年，对500条尚无涵闸控制或不能正常蓄水的骨干大沟实施蓄水控制，新增有效调蓄能力1.6亿 m^3，至2020年完成561条大沟蓄水控制，再新增大沟有效调蓄能力约1.8亿 m^3。

（2）面上塘坝开挖

塘坝是农田灌溉工程不可或缺的重要组成部分，具有分布广、投资少和灌水及时、就地受益等特点，它既能拦蓄当地径流，减少外水的补给，又能进行反调节减少枢纽和渠道工程的配水次数。根据安徽省第一次水利普查统计，淮北地区现有塘坝11.98万口，现状总塘容9.89亿 m^3。经长期运行，塘坝淤积失修严重，蓄水灌溉功能萎缩，目前工程完好率仅30%左右。

据分析，扩挖清淤完成后，平均每座塘坝可比现状恢复增加蓄水塘容40%左右，共增加蓄水容积3.96亿 m^3，有效塘容系数按0.36计，共可增加有效蓄水1.42亿 m^3。

8.2.3 重点节水工程

1. 大中型灌区新建、续建配套与节水改造

淮北地区现有大型灌区包括茨淮新河灌区、新汴河灌区，通过实施建筑物配套续建工程、渠道防渗工程、水稻节水灌溉、田间配套续建工程、节水管理技术、高效节水技术等工程措施和非工程措施，提高灌溉水利用率，降低亩均用水量，提高单方水产出，提高用水效率与效益。工程实施后，可新增节水1.3亿 m^3。

同时，陆续推进中型灌区节水配套改造，通过对水源及渠首工程改造与加固，干支渠沟疏浚及衬砌防渗，建筑物改造及配套，以及田间工程建设及管护设施建设，逐步改善和增加重点中型灌区有效灌溉面积和节水灌溉面积。以节水增效为中心，提高灌溉水的有效利用率和水生产效率，促进节约用水、水资源的优化调配和高效、持续利用。

在大中型续建配套基础上，加快建设高效输配水工程等农业节水基础设施，发展现代化灌排渠系等工程，推广农业高效节水技术，推动农业现代化稳步持续发展，促进农村经济繁荣和生态环境改善。

2. 工业及城市生活节水工程

在优化调整区域产业布局的基础上，新建、改建、扩建的工程应采用符合国家要求的节水工艺，鼓励现有工业企业对生产工艺进行节水改造，开发和完善高浓缩倍数工况下的循环冷却水处理技术。积极稳妥地推进再生水利用设施建设，实现污水再生利用与污水处理能力的同步增长，对于水质要求相对不高的高耗水企业优先使用中水，2025

年阜阳市、亳州市和淮北市的再生水共可置换地下水 1372 万 m³。

加快城市供水干、支管网系统的技术改造，降低输配水管网漏失率。全面推行节水型用水器具，发展"节水型住宅"，节水设施与主体工程同时设计、同时施工、同时投产。实施分质供水，推广中水回用。

8.3 地下水分期分区压采指标研究

8.3.1 城镇生活和工业地下水压采

随着引江济淮、淮水北调等配水工程的逐步建设到位，在供水覆盖范围内逐步设立禁采区，不再新增孔隙第二、三含水层组和岩溶地下水开采量，无特殊需要的存量地下水逐步实施地表水水源置换。

1. 阜阳市地下水置换方案

目前阜阳市有 8 处地下水超采区，年均实际开采量 2.50 亿 m³。根据阜阳市地表水源工程建设情况和外调水源通水情况，近期以压采供水管网覆盖范围内部分企业自备井、无证自备井及地热水井为主，地表水和地下水混合供水过渡，中期随着引江济淮通水，地表水厂规模扩大，进一步扩大供水范围，覆盖部分村镇供水，远期有条件区域进行城乡一体化供水，大部分自备井转为应急备用，只保留少部分供水管网覆盖不到的农饮井和特殊行业用水自备井。预计 2025 年可置换 3222 万 m³，2030 年可置换 4784 万 m³（表 8-1）。

表 8-1　阜阳市城镇和工业地下水压采情况表

分区	地下水置换技术方案
阜阳市区	阜阳市以淮河为水源的三水厂目前已经建成，取水地点设在南照集附近，供水能力目前约为 5 万 m³/d，总设计供水能力 15 万 m³/d，配套管网同步建设。引江济淮工程 2023 年通水，将长江水源调至淮河，再通过"引淮济阜"工程调水到阜阳市区。预计 2025 年关停自备井 104 眼，可置换地下水 886 万 m³；2030 年关停自备井 129 眼，可置换地下水 1033 万 m³
临泉县	拟建流鞍河地表水厂和城东地表水厂，设计供水能力分别为 15 万 m³/d 和 2.5 万 m³/d。预计 2025 年关停自备井 45 眼，可置换地下水 240 万 m³；2030 年关停自备井 70 眼，可置换地下水 418 万 m³
太和县	县城地表水厂已建成，供水能力为 4 万 m³/d。预计 2025 年关停自备井 143 眼，可置换地下水 526 万 m³；2030 年关停自备井 154 眼，可置换地下水 692 万 m³
阜南县	县城地表水厂一期设计供水能力为 6 万 m³/d，总设计供水能力 15 万 m³/d。预计 2025 年关停自备井 66 眼，可置换地下水 319 万 m³；2030 年关停自备井 85 眼，可置换地下水 508 万 m³
颍上县	县城地表水厂已建成，供水能力约 10 万 m³/d。预计 2025 年关停自备井 18 眼，可置换地下水 371 万 m³；2030 年关停自备井 35 眼，可置换地下水 821 万 m³
界首市	界首市区城东地表水厂以颍河为水源，供水能力 5 万 m³/d。预计 2025 年关停自备井 35 眼，可置换地下水 880 万 m³；2030 年关停自备井 72 眼，可置换地下水 1313 万 m³

2. 亳州市地下水置换方案

目前亳州市有 9 处地下水超采区，年均实际开采量 1.78 亿 m³。根据亳州市地表水源工程建设情况和外调水源通水情况，近期以压采供水管网覆盖范围内部分企业自备井、无证自备井及地热水井为主，向地表水和地下水混合供水过渡，中期随着引江济淮通水，地表水厂规模扩大，进一步扩大供水范围，覆盖部分村镇供水，远期蒙城、亳州等有条件区域进行城乡一体化供水，大部分自备井转为应急备用，只保留少部分供水管网覆盖不到的农饮井和特殊行业用水。预计 2025 年可置换 5605 万 m^3，2030 年可置换 8375 万 m^3（表 8-2）。

表 8-2　亳州市城镇和工业地下水压采情况表

分区	地下水置换技术方案
谯城区	亳州市地表水厂已基本建成，设计供水能力为 20 万 m^3/d，配套管网逐步完善。引江济淮工程 2023 年通水，将长江水源调至淮河，再通过已有工程调水至亳州。预计 2025 年关停自备井 101 眼，可置换地下水 1895 万 m^3；2030 年关停自备井 203 眼，可置换地下水 3017 万 m^3
利辛县	利辛县地表水厂已基本建成，一期设计供水能力为 5 万 m^3/d。预计 2025 年关停自备井 24 眼，可置换地下水 800 万 m^3；2030 年关停自备井 41 眼，可置换地下水 1036 万 m^3
涡阳县	涡阳县地表水厂处于初期阶段，总设计供水能力为 10 万 m^3/d。预计 2025 年关停自备井 48 眼，可置换地下水 1316 万 m^3；2030 年关停自备井 76 眼，可置换地下水 2199 万 m^3
蒙城县	蒙城县地表水厂已经建成运行，一期设计供水能力为 8 万 m^3/d，远期总设计供水能力为 10 万 m^3/d。预计 2025 年关停自备井 49 眼，可置换地下水 1585 万 m^3；2030 年关停自备井 62 眼，可置换地下水 2123 万 m^3

3. 淮北市地下水置换方案

淮北市仅有 1 处岩溶水超采区，年均实际开采量 1.42 亿 m^3。根据淮北市地表水源工程建设情况和外调水源通水情况，近期以压采供水管网覆盖范围内部分企业自备井、无证自备井为主；中期随着引江济淮通水、淮北市建设地表水厂的运营，可采取地表和地下水混供模式，除覆盖淮北市城区外，将覆盖部分村镇供水；远期进行城乡一体化供水，大部分自备井转为应急备用，只保留少部分供水管网覆盖不到的农饮井和特殊行业用水。预计 2025 年可置换 2576 万 m^3，2030 年可置换 6313 万 m^3（表 8-3）。

表 8-3　淮北市城镇和工业地下水压采情况表

分区	地下水置换技术方案
淮北市区	"淮水北调"工程设计为淮北市区和濉溪县供水，为工业供水只能作为工业自备井替代水源。现已建成的烈山地表水厂设计供水能力为 30 万 m^3/d，随着引江济淮工程通水，烈山地表水厂可用于置换生活用水。预计 2025 年关停自备井 84 眼，可置换地下水 1985 万 m^3；2030 年关停自备井 175 眼，可置换地下水 4994 万 m^3
濉溪县	濉溪地表水厂设计供水能力为 10 万 m^3/d，现已建成，仅作为工业自备井替代水源。随着引江济淮工程通水，濉溪地表水厂可用于置换生活用水。预计 2025 年关停自备井 47 眼，可置换地下水 591 万 m^3；2030 年关停自备井 81 眼，可置换地下水 1319 万 m^3

8.3.2　农村地下水压采

阜阳市、亳州市、淮北市目前不存在农业灌溉超采，农村地下水压采仅针对农村生活的自备井水源置换。根据《安徽省中深层地下水开采井名录》，目前阜阳市、亳州市和淮北市登记建档农饮井共 1640 眼。

参考《安徽省农村供水保障规划（2020—2025 年）》（安徽省水利厅，2020）和相关各县农村居民供水安全保障规划，依据地表水源工程建设情况和外调水源通水情况，2025 年阜阳市、亳州市、淮北市在有条件的地区优先实行城乡供水一体化，没有条件的地区实施区域供水规模化。

城乡供水一体化具体应用在沿淮、淮水北调及引江济淮西淝河线受水区等县（市、区），该区域地表水源有保障，可实施城乡一体化供水。后将区域中深层地下水转换为备用水源，原有水源井及制水设施转换为应急配套工程，本区域共有蒙城县、颍东区、相山区 3 个县（市、区）实施城乡一体化供水。

区域供水规模化具体应用在地表水源没有保障、水量不足的县（市、区）。该区域维持使用地下水或部分使用地表水，近期实行区域规模供水，远期实现城乡一体化供水。本区共有利辛县、颍上县等 17 个县（市、区）实施区域规模供水。

预计阜阳市、亳州市、淮北市 2025 年共可置换农村生活取水量 9387 万 m³，2030 年共可置换农村生活取水量 13898 万 m³（表 8-4）。

表 8-4　阜阳市、亳州市、淮北市农业农村地下水压采情况表

分区	农业及农村生活水源置换技术方案
阜阳市	颍东区 2025 年实行城乡一体化供水，供水水源为地表水，其余各县、区 2025 年均采用部分城乡一体化及区域规模化供水，供水水源为地表水和孔隙第三含水层组地下水混供；远期 2030 年全市农业和农村生活水源均为地表水。预计 2025 年可封存深层水井 418 眼，置换地下水 4471 万 m³；2030 年可封存深层水井 784 眼，置换地下水 7626 万 m³
亳州市	蒙城县 2025 年实行城乡一体化供水，供水水源为地表水，其余各县、区 2025 年均采用部分城乡一体化及区域规模化供水，供水水源为地表水和孔隙第三含水层组地下水混供；远期 2030 年亳州市全市农业和农村生活水源均由地表水置换。预计 2025 年可封存水井 159 眼，置换地下水 2911 万 m³；2030 年可封存水井 283 眼，置换地下水 5082 万 m³
淮北市	2025 年相山区实行城乡一体化供水，其余各县、区 2025 年均采用部分城乡一体化及区域规模化供水，供水水源均为地下水。远期 2030 年随着引江济淮工程通水，水质达到Ⅲ类以上，全市农业和农村生活水源均由地表水置换。预计 2030 年可封存水井 203 眼，置换地下水 1190 万 m³

8.3.3　地下水压采置换总量

阜阳市、亳州市、淮北市城镇供水、工业企业用水、农村生活用水等共压采水量 35624 m³，其中 2025 年、2030 年地下水压采量分别为 16217 万 m³ 和 14896 万 m³。具体见表 8-5。

表 8-5　阜阳市、亳州市、淮北市地下水压采总量　　　　　单位：万 m³

行政分区	2020 年开采量指标	水平年	地下水压采方式				小计	地下水保留量
			提高用水效率	非常规水源	地表水水源置换	农村生活置换		
阜阳市	17100	2025 年	490	200	1504	4471	6665	8596
		2030 年	338	—	1565	3155	5058	3538

行政分区	2020年开采量指标	水平年	地下水压采方式				小计	地下水保留量
			提高用水效率	非常规水源	地表水水源置换	农村生活置换		
亳州市	18500	2025年	367	—	4767	2911	8045	9519
		2030年	243	—	2769	2170	5182	4337
淮北市	14170	2025年	45	—	1462	—	1507	10927
		2030年	457	—	3009	1190	4656	6271
合计	49770	2025年	902	200	7733	7382	16217	29042
		2030年	1038	0	7343	6515	14896	14146

8.4 多水源配置与保护技术实施效果

本技术方案提出的水资源保护综合措施实施后，将有效遏制淮北地区重点区域地下水超采现状，显著改善生态、地质和人居环境，促进和谐社会建设。

8.4.1 地下水生态系统修复方面实施效果

阜阳市、亳州市和淮北市超采引发的地质环境问题主要是集中大量开采孔隙第二、三含水层组引发的地面沉降和淮北煤矿区集中开采岩溶水引发的岩溶地面塌陷。阜阳市孔隙第二含水层组地下水漏斗中心多年年均水位下降速率为 0.2～1.2m/a，亳州市为 0.5～0.8m/a；阜阳市孔隙第三含水层组地下水漏斗中心多年年均水位下降速率为 0.2～1.0m/a，亳州市为 0.2～1.2m/a；淮北市岩溶水漏斗中心多年年均水位下降速率为 0.2～0.5m/a。通过实施地下水超采治理与保护方案，地下水超采量被压缩，阜阳市、亳州市孔隙第二、三含水层组地下水水位下降速率将减小，淮北市岩溶水基本实现采补平衡，地面沉降、地面塌陷等生态环境问题将得到缓解。

8.4.2 水资源保护效果分析

阜阳市、亳州市地下水超采区集中在孔隙第二、三含水层组，地下水补给来源包括越流补给、侧向补给和弹性释水量。随着孔隙第二、三含水层组地下水的超采，地下水补给十分缓慢，地下水水位逐渐下降，水资源量逐渐减少。通过实施地下水超采治理与保护方案，减少对孔隙第二、三含水层地下水的开发利用，涵养了水源。

8.4.3 保障粮食生产效果

阜阳市、亳州市和淮北市农业生产重要水源是浅层地下水，井灌面积占农业灌溉面积的一半以上，浅层地下水水位变化与降水量密切，一般情况可以得到及时恢复。近年来安徽省粮食生产屡获丰收，农民收入水平逐步提高，浅层地下水并没出现水位持续下降的局面，基本实现采补平衡。该方案的实施对粮食生产影响甚微。

8.4.4　提升工业用水保障

地下水压采是基于引江济淮和南水北调等调水工程建成后，用地表水置换工业用地下水，总体不影响工业用水水源保障。同时，方案的实施有利于工业企业节约用水，抑制不合理的用水需求，提高用水效率，创建节水型社会。

8.4.5　对农村生活供水影响甚微

农村生活地下水源在引江济淮和南水北调等调水工程水质水量满足供水需求时，实施置换。替代水源和城市供水管网覆盖不到的地区，仍保留生活地下水井，确保农村居民饮水安全。本方案实施对农村生活供水影响甚微。

9　地下水管理保护研究

9.1　地下水管理与保护现状

9.1.1　制定并完善地下水管理与保护相关政策

2013 年，安徽省人民政府出台了《关于实行最严格水资源管理制度的实施意见》（皖政〔2013〕15 号），明确加大地下水管理和保护力度，提出"核定并公布淮北地区地下水禁采和限采范围，对淮北地区地下水严重超采并已造成严重环境地质问题的，实施地下水压采。在地下水超采区，禁止农业、工业建设项目和服务业新增取用中深层地下水，并削减开采量，逐步实现地下水采补平衡"等要求。

为了强化地下水资源管理、节约和保护工作，2015 年，安徽省人民政府办公厅印发了《关于公布地下水超采区、限采区范围的通知》（皖政办秘〔2015〕179 号），明确了安徽省地下水超采区、禁采区和限采区范围。2015 年，安徽省水利厅组织编制了《安徽省地下水超采区治理方案》，明确全省地下水超采治理目标，并经省政府同意，印发各市实施。2016 年，安徽省人民政府办公厅印发了《关于进一步加强地下水管理和保护工作的通知》（皖政办秘〔2016〕30 号），再次明确了地下水管理和保护的工作目标、重点和要求，提出建立地下水取用水总量控制和水位控制制度，提出加强超采区综合治理和地下水监测、防治地下水污染的工作任务。

9.1.2　严格落实地下水水量水位双控制度

建立健全地下水取水许可、计划用水管理等制度，加强组织开展地下水取水井普查、地下水取水工程核查登记和整改提升，严格地下水取水审批，凡是可利用地表水或其他水源替代的，一律不批准取用地下水，新增地下水取水原则上仅用于供水管网未覆盖地区的生活用水、应急用水及对水质有特殊要求的特种行业用水。制订地下水年度取水计划，并逐级分解下达到取水户，实行地下水总量控制、计划开采和目标考核。

建立了地下水水位变化月通报与约谈制度，每月通报地下水超采区水位变化情况，约谈水位持续下降的有关县区，自建立制度以来，已分别约谈界首市、临泉县、宿州市萧县、灵璧县等县区。2020 年，印发全省中深层地下水开采井名录，登记建档取水井5518 眼，明确"总量控制、增减挂钩"的管理原则，并在此基础上，编制《安徽省地下水管控指标》，进一步明确 2025 年、2030 年地下水开采总量、水位和管理控制目标。

9.1.3　逐步推进地下水超采治理工作

针对各地水资源条件、社会经济发展水平的不同，坚持因地制宜，分区分类逐步推进地下水超采治理工作，先后印发《安徽省地下水超采区治理方案》《安徽省重点区域地下水超采治理与保护方案》，明确全省地下水超采治理目标和治理方案。加快推进和实施调水工程建设，减少地下水开采，淮水北调工程建成通水，引江济淮工程正在加快建设，推进淮北地区超采区综合治理。2020 年淮北地区地下水开采量比 2010 年下降10%，中深层地下水开采量减少 1.05 亿 m³，比 2010 年下降 20%。依托引江济淮、淮水北调等跨流域调水工程，淮北地区共建成 15 座地表水厂，总供水规模达 130 万 m³/d。各相关地市编制淮水北调受水区地下水置换方案，全力推动地表水和非常规水源置换地下水。自 2015 年以来，安徽省水利厅组织存在地下水超采问题的各相关市制订并实施封井计划，淮北地区累计关闭自备水源井约 1800 余眼，地下水水位降落漏斗面积随之有所缩减，地下水埋深总体呈回升趋势。

9.1.4 强化地下水监测计量体系

加强地下水监控能力建设，不断优化地下水监测站网布局，逐步完善地下水监测体系，加强地下水监管。通过实施水资源监控能力建设项目和国家地下水监测工程项目，安徽省现已建成地下水监测井 939 眼（水利部门和自然资源部门合计），其中 760 眼国家级监测井已全部实现水位在线监测，监测数据实时传送到国家平台。

加强地下水取水计量监控，不断推进地下水取用水计量设施安装。目前，安徽省有1014 家工业及生活地下水取用水户实现了取水量在线监控，地下水非农业灌溉用水户取水量在线监控比例达 60%，年取用水 5 万 m³ 以上的地下水取用水户在线计量率实现100%全覆盖。

9.1.5 充分利用价格杠杆调控

2019 年 11 月，安徽省发展改革委、省财政厅和省水利厅联合印发《关于调整地下水水资源费征收标准的通知》，对超采区和非超采区的地下水水资源费实行差别化征收。地下水超采区水资源费标准提高 3～4 倍。同时，省级以上节水型企业和公共机构节水型单位在计划内取用地下水的，按照相关规定标准的 80%征收，充分利用价格杠杆，推动地下水资源的节约和保护。

9.2 面临的形势和挑战

9.2.1 对照水资源刚性约束要求，地下水"双控"管理仍需加强

对照地下水管控指标，淮北地区地下水取用水总量仍需进一步压减，和现状开采量相比还有较大的压减空间。由于早期地下水开采多为各取用水户的自发行为，开采井布局缺乏系统科学规划，个别地区存在开采区域集中、开采层位集中、开采时间集中的"三集中"开采现象，容易产生深水位漏斗，如界首、太和等局部地区个别监测点在集中开采时段里会出现水位快速大幅下降等。阜阳市、亳州市和淮北市等部分地区由于历史上地下水长期超采，地面沉降、岩溶地面塌陷等地质环境灾害经治理虽得到一定程度的遏制，但因存在滞后效应仍有继续发展的可能，地质环境需要相当长的时间恢复。

9.2.2 对照规范化管理要求，地下水管理能力建设仍需提升

淮北地区部分区域存在将优质地下水用于一般工业生产甚至城市环卫、景观用水等现象，不符合"优水优用"的地下水配置原则，造成优质地下水资源的浪费。由于地下水取水井多为取用水户自行建设和管理维护，因此普遍存在取水井标志标识缺失、不清晰等现象，不利于监督管理，工程建设规范化方面需要加强。目前淮北地区地下水非农业用水户基本实现计量全覆盖，但在线计量率仍有进一步提升的空间。个别地区还存在不经取水许可审批非法取水、超计划违规取用地下水等现象，地方水行政主管部门的执法力度有待加大。

9.2.3 对照智慧水利建设要求，地下水监测体系仍需优化

安徽省现有地下水水位监测站、水质监测站基本实现了全覆盖。但从空间分布看，地下水监测站网主要集中于淮河以北平原，分布不均衡，部分地下水开采强度较大的地区站网密度偏低，达不到全面监控超采区的目的。从监测层位看，对于浅层地下水的监测井数量和密度均足够，但部分地区对于主采层位（第二、第三含水层组孔隙水）地下水监测站数量偏少（如利辛县、太和县和临泉县等县），未能实现垂向全覆盖。此外，由于地下水监测站点管理单位有水利、自然资源等不同部门，地下水监测信息存在多部门化、碎片化、冗余化，以及部门间、层级间共享不畅等问题，信息共享机制还有待加强。综上所述，地下水信息化管理建设水平与智慧水利的建设要求相比还存在差距。

9.2.4 对照地下水管理条例新要求，地下水基础研究仍需深入

地下水管理与保护的法规体系与管理制度有待进一步健全，地下水管理与保护的相关技术规范标准体系需进一步完善。由于水文地质条件较复杂，地下水类型多样，在地下水可更新性、地下水资源储量、矿井水和地热水科学利用途径、超采治理效果评估等多个方面都存在研究不深入、技术不明确的地方，因此，需要加快开展地下水可更新性研究、地下水应急储备制度建设、矿产资源开采和地下工程建设疏干排水管理、地热水开发利用管理、超采区综合治理等方面的基础研究工作。

9.3 地下水管理保护措施

9.3.1 推进地下水超采综合治理

1. 全面加强替代水源建设

根据《安徽省水资源综合规划》《引江济淮配套工程规划》《皖北地区群众喝上引调水工程规划》等相关规划，利用安徽水网工程，实现多水源的联合调度，调整水源和用户之间的水量配置关系，加大地下水替代水源建设力度。在满足生态环境用水要求的前提下，大力提高用水效率，严格控制生活、生产用水需求增长，统筹不同区域、不同行业之间的用水需求，对本地地表水、地下水、其他水源和外调水进行水资源优化配置，统筹地表水水源工程及其配套供水设施建设。优化水利工程调度，提高地表水源供水保

障率，对少量利用地下水灌溉的逐步落实地表水源替代措施。依托南水北调东线、引江济淮工程、淮水北调等水资源配置工程，实施地表水饮用水源工程、城乡区域供水一体化工程、农村饮水安全工程等自来水集中供水工程，进一步打破行政区划的限制和城乡二元结构的约束，加快实现向区域集中供水、城乡联网供水发展，为地下水压采提供替代水源，从而形成"以区域地表水供水为主、乡镇集中供水为辅"的供水格局。同时，全面推广循环用水、一水多用、中水回用、分质供水、矿井水利用、雨水收集利用等节水和非常规水源利用新技术、新工艺和新方法，多渠道落实替代水源。

2. 有序推进地下水压采

地下水压采主要实施对象为开采深层地下水用于工业生产和城乡生活供水的取水井，开采浅层地下水用于农业灌溉和农村居民生活用水的地下水取水井不作为规划重点。对于地下水观测井、地温空调井、矿井疏干排水井等特殊用途井，暂不列入封井计划。统筹做好水源替代与压采目标的衔接，有序开展地下水压采工作，做到"水到井封，逐步推进"，进一步涵养地下水资源。对现有地下水取水井进行排查和梳理，符合下列条件之一的取水井须列入封井计划。

①位于禁采区内的。

②公共供水管网覆盖范围内未取得取水许可证擅自建设取水井，逾期未补办取水许可证或者补办未被批准的取水井。

③因井管损坏、过滤器堵塞、取水井坍塌、井内淤淀等原因，不具备治理条件或取水条件的取水井。

④水质已发生污染或者水质已不符合使用要求的取水井。

⑤因产权单位倒闭、破产或解体等原因，连续停止取水满 2 年的取水井。

⑥法律、法规和县级以上人民政府规定需要封填的取水井。

按照"三先三后"的次序实施封井，即："先超采区后非超采区、先供水管网到达区后非到达区、先城区后非城区"的次序，分阶段组织实施。封井方式主要有永久填埋和封存备用（作为应急水源井）两种方式。水质符合饮用水要求且地表水源单一的，可以考虑封存，作为应急备用水源井。具备完整成井资料、非串层取水且符合监测井布点要求的，可以考虑改建为专用监测井。

对于公共供水管网未覆盖或暂无替代水源供水地区的水源井，为了维持当地居民正常生活用水需求，在经论证征得水行政主管部门同意并取得取水许可手续的前提下，规划期可暂时继续使用，待供水条件改善或具备置换水源条件后再适时实施封井措施。

结合各地地下水开采现状、取用水水量控制指标、替代水源建设等，至 2025 年，规划封井 3440 眼，压采水量 5.15 亿 m³；至 2030 年，规划再封井 1216 眼，压采水量 2.00 亿 m³。

3. 深入开展地下水超采修复治理

地下水禁采区严格禁止新开采地下水，已有开采井应结合地表水、区域供水等替代水源工程建设，限期封闭。限制开采区内不得增加开采井数量，新建、改建、扩建建设项目确需取用地下水的，只能用于居民生活用水、应急和特殊行业用水；已有开采井要根据水源替代工程建设情况、水资源条件、节水潜力，逐步削减取水量，并有计划地进行封填。禁止高耗水建设项目取用地下水，避免在开采潜力区出现新的超采区。各地实施超采区内的土地整治、农业开发、扶贫等农业基础设施项目，不得以配套名义打井开采地下水。严格控制阜阳市和亳州市等地面沉降易发区和淮北市、宿州市岩溶塌陷易发区的地下水开采规模，防止地下水超采引发地质灾害。强化重点地面沉降区和岩溶塌陷易发区的地下水水位、地面沉降监测，建立地下水水位和地面沉降动态监测体系。实施含水层保护工程，在地面沉降严重地区结合海绵城市建设采取增加透水面积、拦蓄雨洪水等工程措施增加地下水补给。实施地下水人工回灌补给试点工程，在阜阳市、宿州市和淮北市等地区选择典型实验区建立地下水回灌试点工程研究，回灌水要保持洁净，符合地下水水质相关要求，防止污染地下水。

9.3.2　构建地下水应急储备体系

1. 建立地下水战略储备框架

围绕地下水储备区划定、评价、保护、监督管理等方面，开展地下水储备制度研究，针对不同类型区域，实施差异化地下水储备策略。各地应在调查分析本地区气候状况、地下水资源赋存特征、储备需求等要素基础上，提出地下水战略储备布局，编制地下水战略储备方案，明确储备含水层层位及范围，评估地旱年份以及重大突发事件（战争、地震、严重水污染等导致地表水水源中断或污染）时动用地下水战略储备预案。此外，因地制宜地在应急避难场所、部队、医院、学校等区域建设标准化的地下水应急备用设施，平时要严格管理，加强日常维护，切实保障在水灾、旱灾、地震、瘟疫、战争等紧急状态下的供水安全，除了维护性洗井外，禁止在非应急状态下的违规开采。

2. 完善地下水应急备用体系

根据各地区水文地质条件、地下水资源储量、地下水可开采量、实际供水水源结构等，在充分论证和科学选址的基础上，合理布局地下水应急备用水源地。地下水应急备用水源地要选择补给条件好、便于保护和开采的地下水水源。至2025年，规划在宿州市埇桥区符离集、淮北市濉溪县徐楼等地的隐伏型岩溶水分布区，选址新建或利用原有开采井建设地下水应急备用水源地。地下水应急备用水源地选定后，应建设相应的取水设施，铺设管线，建设增压泵站，并与常备水源的供水管网相连通，能以最快的响应速度、最大的效能，有效地实施应急处理及调度方案。地下水应急备用水源地仅在常规水源受到突发事故、严重污染、连续干旱等非常状态下，常规水源供水不足或受到阻断时方可启用，启用时暂停对其他取水户（一般工业、农业灌溉等）的供应，确保水量优先满足居民生活用水的应急要求。

建立集中式地下水应急备用水源地核准制度，划分地下水水源地保护区、关闭排污设施、加强环境保护、强化长效管护，确保水源地原水水质达到《地下水质量标准》（GB/T 14848—2017）和《生活饮用水卫生标准》（GB 5749—2022）的要求。规划开展现有及新建地下水应急备用水源地达标整治及管理保护工程。保护措施如下。

（1）划定地下水水源地保护区

针对地热水取水工程，要对取水和回灌进行计量，并安装取水和回灌在线计量设施，实行同一含水层等量取水和回灌，不得对地下水造成污染。结合地热水的水温、水质特点，通过开展"一水多用"、循环用水和梯级利用等手段，提高地热能的开发利用率，实现由粗放型向集约型和综合利用型转变。建立地热地质环境和生态环境保护的管理与监督体系，加强地热尾水排放的监管。

（2）加强分区管理保护

水源地一级保护区内应没有与供水设施和保护水源无关的建设项目和设施，无工业、生活排污口和畜禽养殖、网箱养殖、旅游、游泳、垂钓或者其他可能污染水源的活动；水源地二级保护区内应没有排放污染物的建设项目和设施，无工业、生活排污口；水源地准保护区内应没有对水体污染严重的建设项目和设施。同时，水源地保护区还应符合有关法律法规和《集中式饮用水水源地规范化建设环境保护技术要求》（HJ 773—2015）要求。

（3）严格禁止污染行为

水源地各级保护区内禁止利用渗坑、渗井、裂隙、溶洞等排放污水和其他有害废弃物；禁止利用透水层孔隙、裂隙、溶洞及废弃矿坑储存石油、天然气、放射性物质、有毒有害化工原料、农药等；实行人工回灌地下水时不得污染当地地下水源。

（4）加强监测监控

实施常规性监测和排查性监测相结合，按照《地下水监测规范》（SL 183—2005）和《地下水环境监测技术规范》（HJ 164—2020）等有关规定，对地下水饮用水水源地水质、水位和采补量等动态信息进行定期监测，每月至少监测 1 次，形成较为完善的监测机制；逐步建立监测信息采集、传输和分析处理能力以及预警和应急监测能力的安全管理信息系统。加强地下水饮用水水源地监控，应在取水井和一级保护区区域安装 24 小时视频监控设施。

（5）建立水源地日常巡查制度

一级保护区应做到逐日巡查，二级保护区每周巡查不应少于 1 次，准保护区每月巡查不应少于 1 次。巡查内容包括：水量和水质有无异常情况；取水设施运行是否正常；水源地保护区范围内有无与水源地保护无关的建设项目、排污情况和人类活动；监测和监控设施运行是否正常；有无其他影响水源地安全的事项。

3. 加强地下水的节约与保护

以地下水为主要工业水源的地区，应严格遵守取水总量控制和定额管理要求，使用先进节约用水技术、工艺和设备，采取循环用水、综合利用及废水处理回用等措施，实施技术改造，降低用水消耗。列入淘汰落后的、耗水量高的工艺、设备和产品名录的，列入限期禁止采用的严重污染水环境的工艺名录和限期禁止生产、销售、进口、使用的严重污染水环境的设备名录的，应限期停止生产、销售、进口或者使用。

矿产资源开采工程和地下工程建设对地下水补给、径流、排泄等造成重大不利影响的，要编制影响消除措施方案，采取相关措施防止对地下水产生不利影响。加强地下水水源补给保护，充分利用自然条件补充地下水，有效涵养地下水水源。统筹地下水水源涵养和人工回补措施，按照海绵城市建设的要求，推广海绵型建筑、道路、广场、公园、绿地等，逐步完善滞渗蓄排等相结合的雨洪水收集利用系统。河流、湖泊整治要兼顾地下水水源涵养，加强水体自然形态保护和修复。

9.3.3 加强地下水污染防治工作

1. 优化完善地下水环境监测体系

健全地下水环境监测网，优化整合建设项目环评要求设置的地下水污染跟踪监测井、地下水型饮用水水源开采井、地下水基础环境状况调查评估监测井、重点监管企业和工业园区周边地下水监测井、《中华人民共和国水污染防治法》要求的污染源地下水水质监测井等监测点位，充分利用部分条件较好的待封井回填的取水井、企业生产用开采井，建立健全监测体系，并对监测井实行分类管理。加强地下水环境监测和预警能力建设，推进地下水环境监测数据共享共用。

2. 健全重点行业和工业园区地下水污染预防机制

严格执行有色金属矿采选、冶炼、石油开采、石油加工、化工、电镀、制革，以及农药、铅蓄电池、钢铁、危险废物利用处置等重点行业企业布局选址要求，新建、改建、扩建项目按要求开展环境影响评价。化工、重工业园区应建立地下水污染预防体系，定期按规范要求开展地下水环境监测。

3. 强化重点领域地下水污染的监督管理

加强对化学品生产企业以及工业集聚区、矿山开采区、尾矿库、危险废物处置场、垃圾填埋场等单位的监督管理，督促企业定期开展防渗情况排查，按规范完善防渗措施；建立地下水监测预警体系，定期开展企业周边地下水监测，发现监测数据异常及时调查处理，有效保障地下水安全。

加强报废矿井、钻井、取水井管理，对报废、未建成或者完成勘探、试验任务的，如符合条件可通过改建或修复转为地下水监测井，不符合条件的应按照相关技术标准进行封井回填；对已经造成地下水串层污染的，要及时对造成的地下水污染进行治理和修复。

加快城镇污水管网检测修复和改造，完善管网收集系统，建立污水管网定期检测制度，减少管网渗漏。进一步完善农村生活垃圾分类设施投放及配套收运处理处置体系，提高农村生活污水处理率，开展农村环境综合整治和黑臭水体整治工作，减轻生活污染源对地下水的影响。

4. 加强农村地下水型饮用水水源地保护

以"千吨万人"地下水型饮用水水源地为重点，推进水源保护区规范化建设。全面排查农村饮用水水源保护区内畜禽养殖、水产养殖、垃圾堆放等环境风险源。制定地下水型饮用水水源地专项整治方案和环境风险应急预案，通过整治风险源、更换水源地等方式，不断提高饮用水水源地保护区污染防治和生态建设水平。

5. 统筹规划农业灌溉用水监测与管理

统筹规划农业灌溉取水水源，加强灌溉水质监测与管理，重点在大中型灌区等进行农田灌溉水质长期监测，严禁用未经处理达标的工业和城镇污水进行灌溉；鼓励以循环利用与生态修复相结合的方式治理农田退水；避免在土壤渗透性强、地下水水力坡度大、地下水出露区进行再生水灌溉；强化农业面源污染的监管，降低农业面源污染对地下水水质影响。

9.3.4　加强特殊水源利用和保护

1. 加强地热水利用管理

各地应根据当地水文地质条件、取用水管理和地下水保护要求，组织划定禁止和限制取水范围，合理确定地热水取水井工程布局。地热水开采要按规定程序办理水资源论证和取水许可申请审批手续，并符合地热水开发利用规划以及地下水（特殊水源）总量控制、用水效率控制和用途管制等相关要求。针对地热水取水工程，要对取水和回灌进行计量，并安装取水和回灌在线计量设施，实行同一含水层等量取水和回灌，不得对地下水造成污染。结合地热水的水温、水质特点，通过开展"一水多用"、循环用水和梯级利用等，提高地热能的开发利用率，实现由粗放型向集约型和综合利用型转变。建立地热地质环境和生态环境保护的管理与监督体系，加强地热尾水排放的监管。

2. 加强矿产资源开采、地下工程建设疏干排水利用管理

矿产资源开采、地下水工程建设疏干排水达到规模的（除临时应急取水、排水的），应按规定程序办理水资源论证和取水许可申请审批手续，并符合地下水总量控制、用水效率控制和用途管制等相关要求。矿产资源开采、地下工程建设疏干排水量达到一定规模的，应当安装排水计量设施，定期报送疏干排水量和地下水位状况。矿产资源开采、地下工程建设疏干排水应当优先利用，可用于洗矿、浇洒、除尘、消防等，无法利用的应水质达标排放，避免污染地表水体环境。

3. 严格地源热泵系统管理

地源热泵系统的建设及运行应当严格执行国家和省相关法律法规及标准规范，坚持统一规划、综合利用、注重效益和开发与环境保护并重的原则，并按照规定程序办理水资源论证和取水许可申请审批手续，其设计、施工，应符合《供水管井技术规范》（GB 50296—2014）的规定。

严格地源热泵系统建设项目取水管理，禁止抽取难以更新的地下水用于地源热泵项目，禁止在城市、集镇等建筑物密集的地区、地下水饮用水源保护区、地下水超采区和地面沉降较重地区建设地源热泵系统。地源热泵系统取水应按规定安装取水和退水计量设施，并实现水量、水温的实时监测。

落实《地下水管理条例》《地下水保护利用管理办法》要求，地下水源热泵系统应采取可靠回灌措施，确保置换冷量或热量后的地下水全部回灌到同一含水层，不得浪费和污染地下水资源。地下水源热泵系统的抽水管和回灌管上均应设置水样采集口及监测口。抽水、回灌过程应当采取密闭措施，禁止将地下水供水管、回灌管与市政供水、排水管道连接。实行"谁审批、谁核验、谁监管"的问责制，确保地下水源热泵系统可靠回灌，置换冷量或热量后的地下水全部回灌到抽取含水层。

9.3.5 强化地下水取水井规范化管理

1. 完善地下水取水工程核查登记工作

以县级行政区为单元，定期开展地下水取水工程核查，进行登记造册并建立监督管理制度，全面厘清各类日常使用、应急备用、停用、报废的地下水取水工程的数量、分布、取水量、工程信息等情况，对各类取水井（含地热水井、矿泉水井、矿井排水井等各类取水井）、地下水源热泵系统取水（回灌）井，以及勘探井、监测井开展登记造册，建立健全地下水取水工程台账和动态更新机制。实行分级分类管理和差别化登记管理，每年开展一次核查，对不符合管理要求的，提出封井计划。加强超采区内自备水源管理，核定应予以关停的自备水源井清单，制订限期关停计划。

2. 推进地下水取水工程规范化建设

按照"三个规范、二个精准、一个清晰"的要求，开展地下水取水工程规范化管理。一是推进取水工程、取水行为、档案台账"三个规范"。取水工程规范，主要包括取水口选址、取水管道设置、取水口辅助设施、取水口周边环境等，符合相关规范和审批管理要求；取水行为规范，主要包括取水许可手续、取水计划、地下水位控制、取水日常监管等，依法依规取水和管理；档案台账规范，主要包括取水许可事前、事中、事后的全过程台账资料和档案，健全完备且及时更新。二是实现取水计量、监控传输"两个精准"。取水计量精准，主要包括计量器具选型、安装、检定或校准，选择合格计量器具依规安装、定期检定或校准；监控传输精准，主要包括计量在线监控设施、取水口视频监控设施、日常运维等。三是做到标志标识"一个清晰"。取水井标志、标识清晰，主要包括取水井标志、标识、标牌或警示牌设置等，做到应设尽设、位置合理、标识清晰。

3. 深化应急备用井规范化管理

建立健全应急备用井的登记、建档、管理、维护和监督制度，确保在遇到特殊干旱、突发水污染事件或日常水源供水设施故障导致供水中断或不足等情况下，应急备用井能够随时启用并发挥应急供水作用。明确应急取水井启用条件及启用程序。突发情况解除后，要立即停止取水，转入封存备用状态。强化应急取水井及供水设施设备定期维护保养，明确维护管理单位，制定管护制度，开展水质检测，定期启用切换演练，并做好相关记录。

4. 加强取水井凿井施工与封井监督管理

规范凿井施工管理。取水单位和个人需要开凿取水井的，应委托具有相应执业资质的单位进行施工。在施工过程中，施工单位应严格执行相关凿井技术规范，按照管理部门批准的井深和取水层位成井。在已受污染的含水层及存在地下咸水层的地区，必须采取严格的止水措施，不得混层开采。加强凿井施工的监督管理，在定孔、下管、止水、回填等重要工序，开展监督检查。施工中的废孔或者报废的水井，应及时封填。

规范封井管理。严格按照封井技术规范的相关要求，开展封井工作。对需要封填的水井，选择天然、无杂质和高塑性优质黏土作为回填材料，做到永久性严密封闭，切断污染地下水的通道。加强封井管理，要做到封井前有通知，封井中有规范，封井后有档案。

9.3.6 地下水监管能力建设

1. 严格落实地下水双控管理制度

应严格落实地下水取用水总量和地下水位控制指标双控管理制度。建立地下水监测预警机制，对超地下水总量控制指标、超地下水水位管控指标的地区，实行预警通报，并限制其新增取用地下水。以省级核定的地下水取用水总量控制指标为上限，建立覆盖省、市、县三级行政区域的地下水取用水总量控制指标体系。应根据地下水取用水总量控制指标和水位控制指标以及地下水需求量，制订地下水年度取水计划，并逐级分解下达到各县级行政区和每一眼地下水开采井，对地下水开采实行总量控制、计划开采、目标考核。地下水开采应当避免集中地段、集中时间、集中层位的"三集中"开采。严格执行计划用水和定额管理力度。落实计划用水管理办法，对地下水取用水户实行计划用水管理，用好定额标尺，科学、规范下达用水计划，实行月抄表、季结算、年考核，实行超计划、超定额累进加价收费，发挥用水定额的导向和约束作用。在控制地下水取用水总量的基础上，全面实施地下水水位控制。一是严格执行地下水水位控制红线，高于限采水位埋深的区域，按照规划实行科学有序开采；对已经接近或者达到限采水位埋深的区域，严格控制新凿取水井和地下水开采行为；对已经达到禁采水位埋深的区域，禁止新凿取水井，并由当地政府组织实施超采综合治理，直至地下水水位恢复。二是严格执行地下水水位控制指标。定期评价各基本单元地下水水位，通报超地下水水位控制指标地区，提出地下水水位控制和地下水开采管理要求。

2. 严格执行取水许可审批和水资源论证制度

依据《取水许可管理办法》《安徽省取水许可和水资源费征收管理实施办法》等，规范取水许可申请、审批、验收、发证、延续、变更、注销等全过程管理。严格地监控地面沉降、地裂缝、岩溶塌陷、泉水断流等环境地质问题的发生。定期编制地下水监测季报、年报，强化地下水监测信息公开。在国家水资源监控能力建设项目的总体框架下，在与取水许可台账（取水许可电子证照库）、取水工程（设施）核查登记、用水统计调查直报等已有系统的互联互通的基础上，利用GIS、数据库技术和计算机网络技术，建设完整、统一的省级地下水综合管理信息平台，实现跨部门、跨地区的信息共享。对地下水各类基础信息进行分析和展示，对地下水取水井、地下水监测站网等实行清单化动态管理，对地下水水位、水质、开发利用情况及地质环境状况等实行动态监控，对地下水压采工作实行动态计划管理，对地下水资源及其采补平衡情况和超采状况实行动态评估，加强预报、预警、预演、预案"四预"能力建设，实现地下水信息"一张图"动态展示功能，以信息化、现代化手段提升地下水管理和保护的决策支持水平。

10 技术成果与应用前景

10.1 主要结论

10.1.1 地下水动态时空变化及归因解析

淮北地区浅层孔隙水水位动态特征基本为降水入渗型，年内呈现"稳定—下降—上升—下降—稳定"的周期性变化，多年平均水位西北高，东南低。中南部年际地下水位动态变化微弱，仅个别年份受丰水年、平水年、枯水年等的影响，水位出现较大幅度的波动，总体趋势基本稳定。北部局部地区萧县砀山因地下水开采量较大，动态变化显著，基本呈下降趋势。

深层地下水水位与降水量的相关性较差，深层一含与深层二含之间水力联系弱，水位均呈不同程度的下降趋势，深层二含水位下降幅度远大于深层一含，受人工开采影响地下水水位降落漏斗主要分布在水源地周边，现阶段已造成个别点发生地面沉降问题，亟须对深层地下水开展管控工作，以保护地下水资源。

裂隙岩溶水水位与降水有较强的相关性，水位波动主要受降水和人工开采的综合影响，水位总体呈现下降—回升—下降的变化特征，集中开采区中心下降 10～15m。集中开采区外围水位下降 0.2～1.5m。

10.1.2 高强度开采驱动下承压含水层顶板黏性土释水机理

利用承压含水层顶板饱和黏性土的原状岩芯土样，开展不同压力条件下的固结排水试验，分析外力作用下黏性土体压缩体积与排水体积的变化规律，研究土体排水体积膨胀系数与外力之间的关系，以及固结过程中土体渗透性的变化，识别高强度开采驱动下承压含水层顶板黏性土释水机理，突破了以往含水岩组释水机理不明的理论难题。

10.1.3 地面累计沉降量与开采量及降落漏斗面积多变量非线性响应关系

揭示了地面沉降量随地下水超采在时间上呈三阶段变化规律，系统解析了地面累计沉降量与开采量及降落漏斗面积多变量非线性响应关系。地下水超采与地面沉降时刻处于动态变化中，且地面沉降略滞后于地下水超采的变化。沉降面积在Ⅰ阶段处于发展期（增幅 6.86%）、Ⅱ阶段处于加速期（增幅 66.74%）、Ⅲ阶段处于稳定期（增幅 3.58%），中心累计沉降量在Ⅰ阶段处于加速期（增幅 22.27%）、Ⅱ阶段处于发展期（增幅 16.51%），Ⅲ阶段处于稳定期（增幅 4.02%）。中心累计沉降量与地下水超采的变化趋势基本一致，而沉降面积的变化略滞后于地下水超采的变化，说明地面沉降的垂向扩展对地下水超采的"反应"更灵敏。且沉降速率变化的滞后性与含水层顶底板弱透水层土体固结沉降的蠕变性有密切关系。

10.1.4 地下水水位水量双控阈值

结合安徽省淮北地区地下水类型、埋藏条件、地下水开采程度和行政区分布等因素，确定了 47 个地下水水位阈值指标工作单元，其中浅层地下水 36 个工作单元，深层地下水 11 个；未超采区 21 个，超采区 26 个。并对 47 个工作单元进行了分区分类编号。在此基础上，分浅层地下水和深层承压水、超采区和未超采区，以及未来开采量稳定或减少区域，分别确定了相应工作单元不同降水保证率、不同地下水类型及开采程度背景下的水位水量管控阈值。15 个浅层超采区工作单元，2025 年枯水情景下地下水埋深阈值指标 10~20m 的 7 个，5~10m 的 5 个，大于 20m 的 3 个全部分布在岩溶水超采区。

浅层地下水未超采区中未来开采量稳定区域 3 个，水位阈值基本维持现状。未来开采量减少的 18 个区域，2025 年枯水情景地下水埋深阈值指标 5~10m 的有 6 个，小于 5m 的 12 个。深层承压水水位工作单元 11 个，深层承压水未来开采量逐步压采，水位下降幅度逐渐变缓。到 2025 年的地下水埋深控制指标主要与现状超采程度有关，最大的是界首市，埋深较小的主要分布在阜南县。

基于安徽省水资源节约、非常规水利用、外调水源工程及其他工程的达效条件，至 2030 年，除少量无替代水源的偏远地区农村居民安全饮水外，宿州市、淮北市、亳州市和阜阳市 4 市全部置换为引江济淮受水区的配置水量。2025 年安徽省淮北地区地下水取用量指标总量为 23.02 亿 m³，其中深层承压水指标为 2.13 亿 m³；2030 年淮北地区地下水取用量指标总量为 17.64 亿 m³，其中深层承压水指标为 0.046 亿 m³，保留的深层承压水量均为无替代水源的偏远地区农村居民安全饮水。

10.1.5 基于水位水量双控及配置工程调控下的压采指标

以面向水安全和节水优先为原则，充分利用当地地表水、合理调控地下水（开采深度及水量）、相机利用外调水，克服单一水源供水安全保障不足的问题。

交互式情景共享的复杂水资源系统动态配置模型以水资源系统网络图和供需关系为基础，采用通用性模块组合技术和调配要素属性组合技术建立，通过构建一组拓扑矩阵实现通用性快速建模和计算单元水资源要素的多种组合输出。通过蓄水工程（水库湖泊和煤陷区）水量平衡、分水点或控制节点水量平衡、分区地表水量平衡、分区地下水量平衡、水量传递等各类水量平衡后，根据模型，即可得到不同的调配方案。模型为调控方案制定提供了重要的技术支撑。

基于地下水水位水量双控阈值体系及水资源利用工程体系，进行多水源联合调配，提出了城镇和工业地下水压采、农业地下水压采的地下水置换技术方案，首次系统提出了基于水位水量双控及配置工程调控下的全行业、多层位地下水分期分区压采指标。

成果具体方案在淮北地区阜阳、宿州多地进行了常年的实践应用，地下水超采降落漏斗面积缩小 8%~12%，地面沉降范围减少 5%~8%，地面沉降量得到有效减缓，水资源整体保障程度提高 9.5%，综合效益显著。

10.2　应用前景

　　成果已有效地应用于淮北地区水资源调配、地下水合理开采等领域，成果为安徽省政府制定地下水双控指标及水资源双控指标提供技术依据，为淮北地区各个市水资源管理及双控指标制定提供技术支撑，为淮北地区城乡供水保障提供技术支撑，为引江济淮及淮水北调工程规划实施提供技术支撑，为地下水控采及多水源联合调配等提供实用技术方法。

　　地下水作为不可缺少的自然资源，一直是安徽省淮北地区主要的供水水源，对区域的生活、工农业生产和城市建设都起着重大的作用。在地下水开发利用过程中，由"重开发轻保护"产生的地下水问题已引起了国家的重视。2011年中央一号文件《中共中央、国务院关于加快水利改革发展的决定》对地下水资源的管理保护、地下水超采区划定提出了明确要求。2012年1月12日，国务院发布〔2012〕3号文件《国务院关于实行最严格水资源管理制度的意见》，要求严格地下水的管理和保护，加强地下水动态监测，实行取用水总量控制和水位控制。为实现多水源的联合调配，需要对多水源利用进行科学、合理的管理，对管理理念、管理模式进行思考和创新。随着人类活动的影响，以往对地下水的开采管理方法以及水源调配方式已不能满足当今对水资源开发利用管理的需求，仅仅将地下水可开采量作为地下水开发利用管理的唯一控制指标是不可行的。应同时将水位控制指标纳入地下水开发利用管理中来，地下水水位的变化是地下水资源量丰富或匮乏的最直接表现形式，地下水超采、地面沉降、岩溶塌陷等这些问题，都直接或间接地与地下水位的变动相关，因此，必须建立水位控制与水量控制的"双元"控制模式来管理安徽省地下水，并与其他水源联合调配作为淮北地区的水资源基础。本成果紧扣淮北地区地下水管控与管理的需求，开展在地下水水位水量控制指标下的多水源联合调配关键技术研究，为淮北地区水资源调配和地下水控采提供强有力的保障。本成果为水利部开展地下水管控指标确定工作（办资管〔2020〕30号）和开展重点区域地下水超采治理与保护方案编制工作（办资管〔2020〕108号）提供关键技术支撑，应用前景广阔和深远。

　　本成果由多家科研单位协作联合攻关完成。既是一项填补淮北地区地下水控采及多水源联合调控技术空白的研究项目，又是一项可应用于城乡供水及地下水控采决策的应用性项目。本成果的研究结论、经验积累和探索，对促进淮北地区乃至国家层面水量调控与管理具有很好的推动作用，在促进产学研结合发展方面意义深远。

参考文献

[1]   安徽水利厅水政处，安徽省（水利部淮河水利委员会）水利科学研究院．安徽淮北地区地下水资源开发利用规划［R］，1998，

[2]   安徽省水利厅．安徽水利 50 年［M］．北京：中国水利水电出版社，1999．

[3]   安徽省水利厅．安徽水旱灾害［M］．北京：中国水利水电出版社，1998．

[4]   安徽省水利厅．淮北地区中低产田综合治理［M］．北京：中国水利电力出版社，1993．

[5]   安徽省统计局．安徽统计年鉴［M］．北京：中国统计出版社，2001．

[6]   安徽省水利厅．安徽水利年鉴［M］．武汉：长江出版社，2000．

[7]   安徽省水利勘测设计院．安徽省淮北地区除涝水文计算办法［Z］．1981．

[8]   安徽省水利部淮委水利科学研究院，安徽省水文局，安徽农业大学．皖北平原地下水开发利用及保护综合研究与应用［R］．2014．

[9]   安徽省水利部淮河水利委员会水利科学研究院，安徽农业大学．淮北地区浅层地下水高效利用及调控综合技术与应用［R］．2016．

[10]   安徽省水利部淮河水利委员会水利科学研究院，河海大学，安徽农业大学．皖北地区农田水高效利用实验研究与综合应用［R］．2012．

[11]   Jiangtao Zhao. Construction and Application of Groundwater Pollution Prevention and Control Zoning System［J］. International Journal of New Developments in Engineering and Society，2020，4（2）．

[12]   Harter Thomas. Comment on "Groundwater 'Durability' Not 'Sustainability'"．［J］. Ground water，2018，58（6）．

[13]   Alvar Closas，Edwin Rap. Solar-based groundwater pumping for irrigation：Sustainability，policies，and limitations［J］. Energy Policy，2017，104．

[14]   Pavel Krystynik，Pavel Masin，Petr Kluson. Pilot scale application of UV-C/H2O2 for removal of chlorinated ethenes from contaminated groundwater［J］. Journal of Water Supply：Research and Technology—AQUA，2018，67（4）．

[15]   McIntyre. EU legal protection for ecologically significant groundwater in the context of climate change vulnerability［J］. Water International，2017，42（6）．

[16]   Andrew K. Carlson，William W. Taylor，Dana M. Infante. Modelling effects of climate change on Michigan brown trout and rainbow trout：Precipitation and groundwater as key predictors［J］. Ecology of Freshwater Fish，2020，29（3）．

[17]   Nazeer M. Asmael，Alain Dupuy，Frédéric Huneau，Salim Hamid，Philippe Le Coustumer. Groundwater Modeling as an Alternative Approach to Limited Data in the Northeastern Part of Mt. Hermon (Syria)，to Develop a Preliminary Water Budget［J］. Water，2015，7（7）．

[18]   Wild Lisa M，Rein Arno，Einsiedl Florian. Monte Carlo Simulations as a Decision Support to Interpret $\delta15$ N Values of Nitrate in Groundwater.［J］. Ground water，2020，58（4）．

[19]   Pengpeng Zhou，Xiaojuan Qiao，Xiaolei Li. Numerical modeling of the effects of pumping on tide-induced groundwater level fluctuation and on the accuracy of the aquifer's hydraulic param-

eters estimated via tidal method: a case study in Donghai Island, China ［J］. Journal of Hydroinformatics, 2017, 19（4）.

［20］ Denis S. Grouzdev, Tamara L. Babich, Diyana S. Sokolova, Tatiyana P. Tourova, Andrey B. Poltaraus, Tamara N. Nazina. Draft genome sequence data and analysis of Shinella sp. strain JR1-6 isolated from nitrate-and radionuclide-contaminated groundwater in Russia ［J］. Data in Brief, 2019, 25（C）.

［21］ 姜瑞雪, 韩冬梅, 宋献方, 等. 潮白河再生水补给河道对周边浅层地下水影响的数值模拟研究 ［J］. 水文地质工程地质, 2022, 49（6）: 43-54. DOI: 10.16030/j. cnki. issn. 1000-3665. 202201044.

［22］ 李林. 塔里木河流域地表水和地下水的转化关系 ［J］. 水土保持通报, 2021, 41（6）: 23-28. DOI: 10.13961/j. cnki. stbctb. 2021.06.004.

［23］ 燕子琪, 周宏. 宜昌长江南岸岩溶地下水系统水化学特征分析 ［J］. 安全与环境工程, 2022, 29（6）: 139-148. DOI: 10.13578/j. cnki. issn. 1671-1556. 20210616.

［24］ Yunhu Hu, Chengli Xia, Zhongbing Dong, Guijian Liu. Geochemical Characterization of Fluoride in the Groundwater of the Huaibei Plain, China ［J］. Analytical Letters, 2017, 50（5）.

［25］ Denis S. Grouzdev, Tamara L. Babich, Diyana S. Sokolova, Tatiyana P. Tourova, Andrey B. Poltaraus, Tamara N. Nazina. Draft genome sequence data and analysis of Shinella sp. strain JR1-6 isolated from nitrate- and radionuclide-contaminated groundwater in Russia ［J］. Data in Brief, 2019, 25（C）.

［26］ Emma K. Steggles, Kate L. Holland, David J. Chittleborough, Samantha L. Doudle, Laurence J. Clarke, Jennifer R. Watling, José M. Facelli. The potential for deep groundwater use by Acacia papyrocarpa (Western myall) in a water-limited environment ［J］. Ecohydrology, 2017, 10（1）.

［27］ Chigaev I. G., Komarova L. F.. Technology of Groundwater Treatment Based on Nanofiltration ［J］. Ecology and Industry of Russia, 2017, 21（8）.

［28］ Beshentsev V. A., Abdrashitova R. N., Lazutin N. K., Sabanina I. G., Gudkova A. A.. GROUNDWATER OF THE MESOZOIC HYDROGEOLOGICAL BASIN IN THE TERRITORY OF THE ETY-PUROVSKY OIL AND GAS FIELD ［J］. Oil and Gas Studies, 2018, 0（2）.

［29］ 李雪利, 罗建男, 刘勇. 不同建议分布MCMC算法在地下水污染源反演识别中的对比研究 ［J/OL］. 中国环境科学: 1-10 ［2023-02-25］. DOI: 10.19674/j. cnki. issn1000-6923. 20221116. 002.

［30］ 赖冬蓉, 陈益平, 秦欢欢, 等. 变化环境对华北平原地下水可持续利用的影响研究 ［J］. 水资源与水工程学报, 2021, 32（5）: 48-55.

［31］ 焦文婷, 康欣. 北京市南部地区典型地下水水源井水质数据分析 ［J］. 城镇供水, 2022（4）: 87-91+39. DOI: 10.14143/j. cnki. czgs. 2022.04.004.

［32］ 薛赵薇. 浅析污水处理中中水回用工艺及中水利用 ［J］. 门窗, 2019（22）: 238.

［33］ 张向蕊, 刘宪锋, 赵安周. 黄淮海平原地下水储量时空变化及其影响因素 ［J］. 陕西师范大学学报（自然科学版）, 2022, 50（4）: 59-68. DOI: 10.15983/j. cnki. jsnu. 2022305.

［34］ G. Kanagaraj, S. Suganthi, L. Elango, N. S. Magesh. Correction to: Assessment of groundwater potential zones in Vellore district, Tamil Nadu, India using geospatial techniques. ［J］. Earth Science Informatics, 2019, 12（2）.

［35］ 陈建生, 张茜, 马芬艳, 等. 长江三峡库区水渗漏引起的地下水污染问题讨论 ［J］. 河海大学学报（自然科学版）, 2019, 47（6）: 487-491.

［36］ 淮河水利委员会水文局（信息中心）. 安徽省皖北地区整体协调发展战略对策研究（水资源专题报告）［R］, 2014.

［37］ Reinecke Robert, Wachholz Alexander, Mehl Steffen, Foglia Laura, Niemann Christoph, Döll Petra. Importance of Spatial Resolution in Global Groundwater Modeling. ［J］. Ground water,

2020，58 (3) ．

[38] Kay，A.，Reynard，N.，and Jones，R.，RCM rainfall for UK flood frequency estimation. I. Method and validation [J] . Journal of Hydrology，2006，318：151-162.

[39] 杨敬杰 . 土壤与地下水有机污染物修复技术分析 [J] . 皮革制作与环保科技，2022，3 (20)：16-18. DOI：10.20025/j. cnki. CN10-1679.2022-20-05.

[40] Kuzmin，V.，Seo，D.，and Koren，V.，Fast and efficient optimization of hydrologic model parameters using a priori estimates and stepwise line search [J] . Journal of Hydrology，2008，353：109-128.

[41] Lehner B，Döll P，Alcamo J，et al. Estimating the Impact of Global Change on Flood and Drought Risks in Europe：A Continental，Integrated Analysis [J] . Climatic Change，2006，75 (3)：273-299.

[42] 钱江萍 . 地下水环境监测技术分析 [J] . 科学技术创新，2022 (9)：39-42.

[43] 史海滨，吴迪，闫建文，等 . 盐渍化灌区节水改造后土壤盐分时空变化规律研究 [J] . 农业机械学报，2020，51 (2)：318-331.

[44] 郭华明，高志鹏，修伟 . 地下水氮循环与砷迁移转化耦合的研究现状和趋势 [J] . 水文地质工程地质，2022，49 (3)：153-163. DOI：10.16030/j. cnki. issn. 1000-3665.202202052.

[45] 汪子涛，刘启蒙，刘瑜 . 淮南煤田地下水水化学空间分布及其形成作用 [J] . 煤田地质与勘探，2019，47 (5)：40-47.

[46] 李胜，梁忠民 . GLUE 方法分析新安江模型参数不确定性的应用研究 [J] . 东北水利水电，2006 (24)：31-47.

[47] 李露露，张秋兰，李星宇，等 . 高放废物深地质处置地下水数值模拟应用综述 [J] . 水文地质工程地质，2022，49 (2)：43-53. DOI：10.16030/j. cnki. issn. 1000-3665.202107037.

[48] 刘瀚和，曾宪坤，赵自越 . 排渗墙在地下水污染控制工程中的创新应用 [J] . 有色冶金设计与研究，2019，40 (5)：46-47.

[49] Li，L.，Hong，Y.，Wang，J.，et al.，Evaluation of the real-time TRMM-based multi-satellite precipitation analysis for an operational flood prediction system in Nzoia Basin，Lake Victoria，Africa [J] . Natural Hazards，2009，50：109-123.

[50] 保关丽，高红，何莉莉 . 基于 FEFLOW 在地下水数值模拟中的应用分析 [J] . 工业安全与环保，2022，48 (3)：69-72.

[51] 石丽莉，秦春燕 . PSO-RBF 耦合神经网络在水质评价中的应用 [J] . 安全与环境学报，2018，18 (1)：353-356. DOI：10.13637/j. issn. 1009-6094.2018.01.066.

[52] 粟晓玲，褚江东，张特，等 . 西北地区地下水干旱时空演变趋势及对气象干旱的动态响应 [J]. 水资源保护，2022，38 (01)：34-42.

[53] 刘猛，王振龙，章启兵 . 安徽省淮北地区地下水动态变化浅析 [J] . 治淮，2008 (7)：8-9.

[54] 刘猛，袁锋臣，季叶飞 . 淮河流域地下水资源可持续利用策略 [J] . 水文水资源，2011 (8)：57-59.

[55] 刘玲，陈坚，牛浩博，等 . 基于 FEFLOW 的三维土壤—地下水耦合铬污染数值模拟研究 [J] . 水文地质工程地质，2022，49 (1)：164-174. DOI：10.16030/j. cnki. issn. 1000-3665.202102008.

[56] Donald O. Rosenberry，Martin A. Briggs，Emily B. Voytek，John W. Lane. Influence of groundwater on distribution of dwarf wedgemussels（Alasmidonta heterodon）in theupper reaches of the Delaware River，northeastern USA [J] . Hydrology and Earth System Sciences，2016，20 (10)．

[57] Matheussen，B.，Kirschbaum，R.，Goodman，I.，O'Donnell，G.，and Lettenmaier，D. Effects of land cover change on streamflow in the interior Columbia River Basin (USA and Cana-

da）[J]．Hydrological processes，2000，14：867-885.

[58] 马晓群，陈晓艺，姚筠．安徽淮河流域各级降水时空变化及其对农业的影响[J]．中国农业气象，2009，30（1）：25-30.

[59] 孟春红，夏军．"土壤水库"储水量的研究[J]．节水灌溉，2004（4）：8-10.

[60] Tuvia Turkeltaub，Daniel Kurtzman，Ofer Dahan．Real-time monitoring of nitrate transport in the deep vadose zone under a cropfield-implications for groundwater protection[J]．Hydrology and Earth System Sciences，2016，20（8）．

[61] Dong-Woon Hwang，In-Seok Lee，Minkyu Choi，Tae-Hoon Kim．Estimating the input of submarine groundwater discharge（SGD）and SGD-derived nutrients in Geoje Bay，Korea using 222 Rn-Si mass balance model[J]．Marine Pollution Bulletin，2019，110（1）．

[62] 钱筱暄．淮北地区水文循环要素时空演变规律研究[D]．江苏扬州：扬州大学，2011：12-13.

[63] 李林．塔里木河流域地表水和地下水的转化关系[J]．水土保持通报，2021，41（6）：23-28. DOI：10.13961/j. cnki. stbctb. 2021.06.004.

[64] 孟舒然，吕敦玉，张建羽，等．基于地统计技术的地下水硝酸盐的污染源解析研究[J]．环境科学与技术，2021，44（S2）：197-204. DOI：10.19672/j. cnki. 1003-6504.0486.21.338.

[65] 芮孝芳．水文学原理[M]．北京：中国水利水电出版社，2004.

[66] 水利部淮委，河海大学．淮北地区变化环境下水文循环实验研究与应用[R]．2010.

[67] 孙仕军，丁跃元．平原井灌区土壤水库调蓄能力分析[J]．自然资源学报，2002，17（1）：42-47.

[68] 刘学鹏，潘高峰，赵遥菲，等．地下水中锰污染现状及治理技术进展[J]．当代化工研究，2021（23）：89-91.

[69] 高火林．城市道路设计中海绵城市理念的应用研究[J]．建筑技术开发，2018，45（4）：50-51.

[70] 刘君，工莹，苏嫒娜，等．基于连续流同位素质谱的地下水无机物氯稳定同位素测试方法及影响因素研究[J]．岩矿测试，2022，41（1）：80-89. DOI：10.15898/j. cnki. 11-2131/td. 202108090094.

[71] 马小超．文登区地下水超采现状与综合整治措施[J]．山东水利，2018（2）：40-41. DOI：10.16114/j. cnki. sdsl. 2018.02.021.

[72] 李泽锟，杜震宇．地下水对地埋管换热器换热的影响分析[J]．华侨大学学报（自然科学版），2022，43（1）：65-73.